U0180709

柔性光伏支架结构
设计与分析

袁焕鑫　杜新喜　著

中国水利水电出版社
www.waterpub.com.cn

·北京·

内 容 提 要

　　本书总结了柔性光伏支架结构设计、受力性能分析和工程应用等方面的系列研究成果，重点阐述了柔性光伏支架结构体系的形式与布置、结构计算分析、结构设计及其工程应用等内容，通过大量的理论与数值研究工作，全面系统研究了柔性光伏支架结构的静力性能与动力响应、风荷载体型系数与风荷载响应、挠度限值、中部摇摆柱受力性能，提出了柔性光伏支架结构设计方法，为我国柔性光伏支架结构体系的工程实践提供了研究基础和技术依据。

　　本书的主要内容属于应用型研究成果，可供土木工程领域从事光伏支架结构科学研究人员和工程设计的技术人员以及高等院校相关专业的教师和研究生参考。

图书在版编目（ＣＩＰ）数据

　　柔性光伏支架结构设计与分析 / 袁焕鑫，杜新喜著
. -- 北京 ：中国水利水电出版社，2024.4
　　ISBN 978-7-5226-2459-4

　　Ⅰ．①柔… Ⅱ．①袁… ②杜… Ⅲ．①柔性结构－太阳能电池方阵－支架－结构设计②柔性结构－太阳能电池方阵－支架－分析 Ⅳ．①TM914.4

　　中国国家版本馆CIP数据核字(2024)第097123号

书　　　名	柔性光伏支架结构设计与分析 ROUXING GUANGFU ZHIJIA JIEGOU SHEJI YU FENXI
作　　　者	袁焕鑫　杜新喜　著
出 版 发 行	中国水利水电出版社 （北京市海淀区玉渊潭南路 1 号 D 座　100038） 网址：www. waterpub. com. cn E-mail：sales@mwr. gov. cn 电话：(010) 68545888（营销中心）
经　　　售	北京科水图书销售有限公司 电话：(010) 68545874、63202643 全国各地新华书店和相关出版物销售网点
排　　　版	中国水利水电出版社微机排版中心
印　　　刷	天津嘉恒印务有限公司
规　　　格	170mm×240mm　16 开本　9.5 印张　165 千字
版　　　次	2024 年 4 月第 1 版　2024 年 4 月第 1 次印刷
印　　　数	0001—1000 册
定　　　价	**60.00 元**

前言

　　近年来我国光伏电站的建设力度和规模呈现爆发式增长的态势，对推动能源绿色低碳转型起到了重要作用。光伏支架结构作为支承光伏组件的骨架，在光伏电站的建设与运维过程中始终占据着重要的地位。大规模光伏电站建设的需求导致优质土地资源日趋紧张，为了提高土地的综合利用效率，催生了布置更为灵活、可以突破地形局限的柔性光伏支架结构体系。柔性光伏支架结构体系利用高强度拉索作为主要承重构件，通过张拉对拉索施加预应力可以形成较好的整体刚度，拉索两端锚固于刚性支承结构上，而光伏组件则直接固定在拉索上。柔性光伏支架结构具有强非线性、大挠度、风敏感性等突出特点，目前尚缺乏全面的认识和研究。因此，基于课题组的研究成果以及课题组牵头主编的中国电机工程学会标准《柔性光伏支架结构设计规程》（T/CSEE 0394—2023），本书将系统总结柔性光伏支架结构设计与分析中的要点和难点，以便解决实际工程应用中的难题。

　　本书共包括7章：第1章介绍了柔性光伏支架结构体系的组成及结构体系的特点，总结分析了当前工程应用和研究现状以及存在的主要问题；第2章围绕柔性光伏支架结构设计，从作用与作用组合、结构计算、设计验算、节点设计与构造等多个方面进行了全面规定和介绍；第3章介绍了柔性光伏支架结构静力性能与动力响应分析研究，提出了单层索系和双层索系结构的适用跨度范围，给出了结构挠度限值的参考值建议，评估了布置稳定索对结构受力性能的影响；第4章着重介绍了支架结构的风荷载体型系数研究成果，采用数值风洞的研究手段，对不同风向角、不同阵列布置情况下的体型系数进行了研究，在综合考虑现有风洞试验结果的基础上提出了体型系数建议取值；第5章重点介绍了柔性光伏支架结构风振系数的研究内容，分别针对单层索系和双层索系结构模型开展了分析，提出了结构风振系数的建议取值；第6章围绕结构中部立柱的受力性能，采用数值模拟和理论分析手段，推导提出了中部立柱摇摆导致的附加水平位移和弯矩的计算公式；第7章介绍了两个采用柔性光伏支架结构体系的光伏电站项目应用案例，给出了详细的结构设计方案以及相关计算分析结果。

在本书的编写过程中，研究生秦一峰、宋蕙铭、钟凯宏等在校期间协助完成了大量的数值模拟、计算分析、数据整理和图表绘制工作，对本书的完成作出了重要贡献。本书还参考借鉴了有关专家学者的资料，并列于参考文献中，在此一并表示诚挚的感谢。

由于柔性光伏支架结构体系的复杂性和作者水平的局限性，书中难免存在不足之处，敬请读者不吝指正。

作者
2024 年 1 月

第1章

柔性光伏支架结构组成
与应用研究现状

1.1 柔性光伏支架结构体系的组成和特点

1.1.1 柔性光伏支架结构体系的组成

近年来我国光伏电站的建设力度和规模均呈现出爆发式增长的态势，对推动能源绿色低碳转型起到了重要作用。光伏组件作为光伏电站发电的主体部件，需要依靠光伏支架结构体系支承，从而能够保持所需要的倾角，且能在设计工作年限内安全承受各类荷载与自然环境作用。因此，光伏支架结构作为支承光伏组件的骨架，在光伏电站的建设与运维过程中始终占据着重要的地位。

根据结构受力特性的不同，光伏支架结构体系可以分为刚性光伏支架结构和柔性光伏支架结构两大类。刚性光伏支架结构一般由金属结构型材通过螺栓连接而成，光伏组件一般安装于檩条上，结构整体刚度相对较大，在变形过程中构件之间的夹角基本保持不变。刚性光伏支架结构一般跨度较小，光伏组件下净空较小，适用于较为平整的场地，具有经济性好、容易维护的特点。柔性光伏支架结构体系是由纵向主承重索系结构、横向连接系、稳定索及下部立柱、基础与锚锭系统等构成稳定的空间结构体系，光伏组件直接安装于上部承重索上。柔性光伏支架结构的优势在于大跨度、高净空，十分有利于开展农光互补、渔光互补、交能融合等"光伏＋"项目，同时也适用于复杂山坡地、污水处理厂、渠道、滩涂等复杂地形场景，从而提高土地的综合利用效率。随着光伏电站的不断增多，优质土地资源逐渐匮乏，柔性光伏支架结构逐渐进入了行业视线，其工程应用逐渐增多。

柔性光伏支架结构体系的组成如图1-1所示，主要包括以下部分。

（1）承重索系。承重索系一般由单层索或者双层索组成，直接支承光伏组件及其承受的各类荷载。承重索系是柔性光伏支架结构中的关键受力

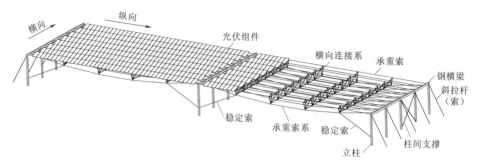

图 1-1　柔性光伏支架结构体系的组成

构件，两端采用锚具固定于下部支承结构上，且可以通过施加预拉力提升结构的整体刚度。

（2）横向连接系。横向连接系是指在柔性光伏支架拉索垂直方向上设置的桁架或刚性构件等横向加劲构件组成的结构体系。横向连接系与承重索垂直相交，将各排支架的拉索连成整体，确保支架结构形成空间结构体系，从而可以显著提高其抵抗风致动力响应的能力。

（3）稳定索。柔性光伏支架结构应在风吸工况下的迎风面第一排设置稳定索，可在中部每隔一定间距设置稳定索，与横向连接系一起构成抗风体系，约束索结构的扭转效应，减小风吸荷载作用下的挠度。

（4）钢横梁与立柱。拉索一般直接锚固在钢横梁上，支架结构端部的钢横梁由于存在单侧拉索锚固的情况，承受了较大的扭矩作用；钢横梁下部由钢立柱或者钢筋混凝土立柱支承。

（5）水平承载结构。光伏支架结构端部可采用由立柱、锚索或拉杆组成的水平承载结构，从而提供锚固拉索所需要的水平力作用。水平承载结构的形式一般需要根据地质条件的情况来确定。

（6）基础和锚锭系统。柔性光伏支架结构的基础和锚锭系统直接或间接承受拉索的反力，对于结构整体的安全至关重要，需要根据结构所处位置的地质条件来合理设计确定。

柔性光伏支架结构可采用单层索系、双层索系悬索结构形式，单层索系结构简图见图 1-2，双层索系结构简图见图 1-3。单层索系结构抗负风压的能力较差，可以通过设置稳定索提升其抗负风压能力，一般适用于中小跨度的柔性光伏支架；双层索系结构的外形和受力特点与传统平面桁架类似，又被称为"索桁架"，一般具有较好的形状稳定性，适用于中大跨度的柔性光伏支架。柔性光伏支架结构选型应根据光伏发电站的站区布置要求，综合考虑场地的特点，选择合理的结构形式与支承结构，且应保证结构的整体刚度和稳定性。

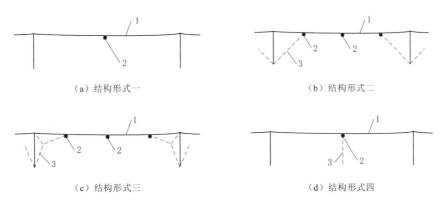

（a）结构形式一　　　　　　　　　（b）结构形式二

（c）结构形式三　　　　　　　　　（d）结构形式四

图 1-2　单层索系结构简图

1—承重索；2—横向连接系（刚性构件）；3—稳定索

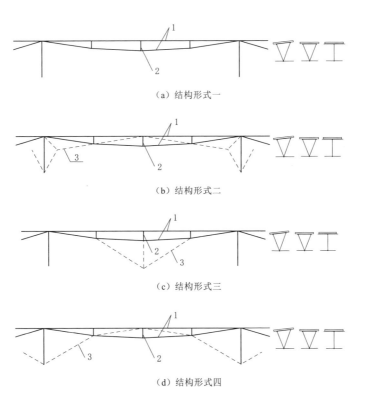

（a）结构形式一

（b）结构形式二

（c）结构形式三

（d）结构形式四

图 1-3（一）　双层索系结构简图

1—承重索；2—横向连接系；3—稳定索

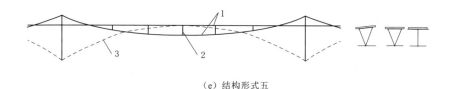

（e）结构形式五

图 1-3（二）　双层索系结构简图
1—承重索；2—横向连接系；3—稳定索

1.1.2　柔性光伏支架结构体系的特点

柔性光伏支架结构体系是由预应力承重索及其支承构件组成的空间结构体系，与刚性光伏支架结构相比，柔性光伏支架结构体系具有以下特点。

1. 结构跨度大

由于柔性光伏支架结构体系采用了预应力钢绞线作为主要受力构件，可以充分发挥拉索强度高的优势，从而实现更大的跨度，方便跨越鱼塘、水渠、水池、沟壑、滩涂等场地，而且可以显著减少立柱的数量。

2. 结构净空高

通过增加结构立柱高度，将支架结构整体抬高，可以实现下部较高的净空，容易满足农业、牧业、渔业等的净空要求，从而充分利用空间资源和太阳能资源。

3. 结构经济性好

拉索作为轴心受拉构件，可以充分利用材料的高强度，不存在受压失稳的问题，而且可以通过施加预应力提升结构的整体刚度，从而实现良好的结构经济性。

4. 灵活性好

柔性光伏支架结构体系可以根据地形条件和场地要求灵活调整布置方向和长度，也可以适应较大的地形坡度和高差，尽可能减少出现边缘场地空置的情况，满足项目全容量并网的要求。

5. 设计与施工复杂

柔性光伏支架结构具有强非线性、大挠度、风敏感性等特点，且对基础和锚锭系统的要求较高，一般应进行整体建模计算分析。同时，应进行拉索预应力施工全过程模拟计算，根据计算结果对拉索张拉施工进行控制，确保拉索张拉完成后拉力、挠度满足设计要求。

1.2 柔性光伏支架结构体系的工程应用

1.2.1 柔性光伏支架结构体系的应用

大规模光伏电站建设的需求导致优质土地资源日趋紧张，为了提高土地的综合利用效率，自然催生了布置更为灵活、可以突破地形局限的柔性光伏支架结构体系。柔性光伏支架结构体系利用高强度拉索作为主要承重构件，通过张拉对拉索施加预应力可以形成较好的整体刚度，拉索两端锚固于刚性支承结构上，而光伏组件则直接固定在拉索上[1]。柔性光伏支架结构高度可以按光伏场地的使用要求进行调整，根据柔性光伏支架结构体系的工程实践应用情况，主要有以下几类典型的应用场景。

（1）丘陵、山地等复杂地形场地，如图 1-4 所示。采用柔性光伏支架结构体系可以有效利用丘陵、山地等复杂地形的土地资源，也可以根据实际地形条件灵活调整布置方向和角度，实现光伏发电效益的最大化。

（a）丘陵 （b）山地

图 1-4 丘陵和山地应用场景

（2）鱼塘、污水处理厂等场地，如图 1-5 所示。柔性光伏支架结构体系可以方便跨越鱼塘以及污水处理厂的水池，无需在鱼塘和水池中设置立柱及基础，而且下部净空较大，不会对现有设施产生附加影响。

（3）农用地场景实现农光互补，如图 1-6 所示。柔性光伏支架结构下部净空较大，可以满足各类农用机械设施的要求，同时可以通过合理调整各排支架的间距，保证农作物的基本日照要求。

（4）工业园区场地，如图 1-7 所示。在工业园区的道路及空置场地上布置大跨度柔性光伏支架，在不影响工业园区运行的基础上充分利用太阳能资源，配合设置储能后还可以直接为工业园区供电。

（5）交通道路、广场等场地，如图 1-8 所示。在交通道路、广场等场

（a）鱼塘　　　　　　　　　　　　　　　　（b）污水处理厂

图 1-5　鱼塘和污水处理厂应用场景

图 1-6　农用地应用场景

图 1-7　工业园区应用场景

景应用大跨度柔性光伏支架，可以促进交通行业与光伏产业的融合发展。交能融合概念的发展催生了新的行业契机，展现了巨大的市场规模和应用前景，但目前尚处于探索阶段。

图 1-8　交通道路应用场景

1.2.2　当前工程应用中存在的问题

柔性光伏支架结构在早期应用时，由于缺乏相关设计标准和经验，结构在永久荷载状态以及设计荷载状态下的挠度发展非常显著，如图 1-9 所示，往往也未能充分考虑风致动力响应，如果没有采取有效的抗风措施，其风致振动效应和扭转效应会非常显著，导致光伏组件损坏的风险较高。

图 1-9　某柔性光伏支架挠度偏大的情况[2]

相比适用于中小跨度的单层索系结构体系，双层索系结构体系可以适用于具有更大跨度要求的场地条件。双层索系柔性光伏支架结构体系一般采用上层两根索、下层一根索组成三角形截面的索桁架，上、下层索之间通过联系杆件相连，而且在垂直于拉索方向往往会设置横向连接索系或者横向连接桁架，从而形成空间结构体系，大大提升了结构的整体性，改善了结构的风致振动和扭转效应。但是由于双层索系结构设计与拉索张拉施工比较复杂，构件种类和数量显著增多，也有部分设计人员对于上、下层拉索的受力并不清晰，导致该类结构体系在永久荷载状态以及设计荷载状态下的挠度仍然较大。

　　光伏支架结构的安全服役对于光伏电站的安全稳定运行至关重要，然而当前工程应用由于各种因素导致光伏支架发生成片倒塌的事故也不鲜见（图1-10）。从根源上来说，工程质量缺陷往往是其中非常重要的影响因素，当然也可能是在极端荷载工况下出现垮塌事故。

图1-10　某柔性光伏支架结构发生垮塌

　　随着工程实践应用的增多，柔性光伏支架结构体系也在不断发展完善。柔性光伏支架结构属于风敏感结构体系，减小风致振动响应的关键在于设置合理的抗风体系，而且随着结构跨度和风荷载的增大，所面临的挑战也逐渐增加[3]。近年来针对柔性光伏支架结构体系的研究和应用逐渐深入，结合设置横向连接系和稳定索等有效抗风措施，从而解决柔性光伏支架结构体系工程实践应用中的技术难点，逐步打破对于该类结构安全可靠性的质疑，推进相关技术研究的进步。

1.3　柔性光伏支架结构体系的研究进展

1.3.1　国内外研究进展

　　尽管柔性光伏支架结构与建筑工程中的索结构都采用预应力拉索作为主要承重构件，但二者存在明显的区别。柔性光伏支架结构所支承的光伏组件的重量较小，且为开敞式的外露结构，一般呈多排平行布置；而建筑工程中的索结构一般支承自重较大的屋面维护结构、玻璃幕墙等，且为全部封闭或者部分封闭的结构，以建筑单体的形式存在。

目前我国国家标准《光伏发电站设计规范》（GB 50797—2012）[4] 没有包括支架结构的详细设计内容；能源行业标准《光伏支架结构设计规程》（NB/T 10115—2018）[5] 主要针对刚性光伏支架结构，并未给出柔性光伏支架结构的设计方法；现行行业标准《索结构技术规程》（JGJ 257—2012）[6] 适用于以索为主要受力构件的各类建筑索结构，且规定单索宜采用重型屋面，以抵抗负风压作用；中国光伏行业协会的团体标准《光伏柔性支架设计与安装技术导则》（T/CPIA 0047—2022）[7] 规定了支架基本的设计与安装技术原则，但内容上仍缺少支架结构的设计方法。由武汉大学牵头主编的中国电机工程学会标准《柔性光伏支架结构设计规程》（T/CSEE 0394—2023）[8] 已于 2023 年 12 月 29 日发布，该标准详细规定了柔性光伏支架结构的设计原则和技术要求，以及结构设计对施工与维护的基本要求。

由于前期缺少相关的结构设计标准，柔性光伏支架结构在实际工程应用中暴露了不少相关问题，甚至出现了严重的垮塌事故，引起了相关研究人员和工程技术人员的关注。国内外研究学者主要在以下三个方面开展了相关研究。

1. 柔性光伏支架结构风荷载体型系数研究

国内外一般采用风洞试验[9-13]、CFD 仿真模拟[14-15] 等方法对不同倾角、风向角、阵列间距和布置方式的柔性光伏支架结构风荷载进行研究，基于刚性模型测压试验结果和仿真模拟结果研究风荷载的分布规律，提出风荷载体型系数的建议取值以及由于前后阵列遮挡导致的折减系数，据此可以计算得到作用于光伏组件及光伏支架结构上的风荷载数值。

2. 柔性光伏支架结构风致响应研究

由于柔性光伏支架结构跨度大、质量轻，风荷载往往会成为主要荷载，结构在风荷载作用下的动力响应需要特别关注，已有学者采用试验研究[13,16-17]、数值模拟[18-21] 等研究手段对结构的风致动力响应进行研究，分析不同跨度、不同结构布置形式等对结构受力性能的影响规律。

3. 柔性光伏支架结构设计技术研究

考虑实际工程应用中柔性光伏支架结构所承受的各类荷载作用，在考虑几何非线性的基础上开展结构特性与受力性能分析，形成相应的结构设计方案[22-24]，同时也有针对预应力拉索、水平承载结构等关键组成部分[25-26] 开展专门研究，为工程设计应用提供了参考。

1.3.2　需要研究的主要技术问题

柔性光伏支架结构体系是由承重索系、横向连接系、稳定索及下部立柱、基础和锚锭系统等构成的复杂空间结构体系，具有强非线性、大挠度、风敏感性等突出特点。从目前的工程应用、设计规范和研究进展来看，无论是对柔性光伏支架结构体系及关键组成部分的工作性能，还是对其结构分析设计方法与关键计算参数，都缺乏全面的认识和研究。因此，为了推动柔性光伏支架结构技术研究的进步，制定相关结构设计标准和方法，促进柔性光伏支架结构的实际工程应用，应着重在以下五个方面开展研究。

（1）柔性光伏支架结构设计。包括结构设计中的作用与作用组合、结构计算分析的基本规定、结构构件的设计与验算、关键节点的设计与构造。

（2）柔性光伏支架结构静力性能与动力响应分析。包括结构静力分析、结构特性分析和动力响应分析，以及结构关键参数分析。

（3）柔性光伏支架结构风荷载分析。包括风荷载体型系数分析、风振系数分析等。

（4）柔性光伏支架结构摇摆柱受力性能研究。包括摇摆柱的动力响应分析以及简化设计计算方法。

（5）柔性光伏支架结构体系的工程应用。从工程应用角度出发，将上述技术研究成果应用于实际项目。

<h2 style="text-align:center">参 考 文 献</h2>

［1］ BAUMGARTNER F P，Büchel A，Bartholet R. Solar wings：a new lightweight PV tracking system［C］//Proceedings of the 23rd European Photovoltaic Solar Energy Conference，2008：2790 – 2794.

［2］ 何春涛. 大（中）跨距柔性支架技术与多场景应用［C］//上海市太阳能学会. 第十八届中国太阳级硅及光伏发电研讨会（18th CSPV）论文集. 2022：679 – 705.

［3］ 袁焕鑫，杜新喜，赵春晓，等. 柔性光伏支架关键技术研究［R］//中国电机工程学会专题技术报告 2022. 北京：中国电力出版社，2023.

［4］ 中华人民共和国住房和城乡建设部. 中华人民共和国国家质量监督检验检疫总局. 光伏发电站设计规范：GB 50797—2012［S］. 北京：中国计划出版社，2012.

［5］ 国家能源局. 光伏支架结构设计规程：NB/T 10115—2018［S］. 北京：中国计划出版社，2019.

［6］ 中华人民共和国住房和城乡建设部. 索结构技术规程：JGJ 257—2012［S］. 北京：中国建筑工业出版社，2012.

［7］ 中国光伏行业协会. 光伏柔性支架设计与安装技术导则：T/CPIA 0047—2022［S］. 中国光伏行业协会，2022.

［8］ 中国电机工程学会. 柔性光伏支架结构设计规程：T/CSEE 0394—2023［S］. 北京：中国电力出版社，2024.

［9］ Kim Y C，Tamura Y，Yoshida A，et al. Experimental investigation of aerodynamic vibrations of solar wing system［J］. Advances in Structural Engineering，2018，21（15）：2217－2226.

［10］ Kim Y C，Shan W，Yang Q S，et al. Effect of panel shapes on wind－induced vibrations of solar wing system under various wind environments［J］. Journal of Structural Engineering，2020，146（6）：04020104.

［11］ 马文勇，柴晓兵，马成成. 柔性支撑光伏组件风荷载影响因素试验研究［J］. 太阳能学报，2021，42（11）：10－18.

［12］ 马文勇，柴晓兵，赵怀宇，等. 基于偏心风荷载分布模型的柔性支撑索分配系数研究［J］. 振动与冲击，2021，40（12）：305－310.

［13］ 杜航，徐海巍，张跃龙，等. 大跨柔性光伏支架结构风压特性及风振响应［J］. 哈尔滨工业大学学报，2022，54（10）：67－74.

［14］ 周炜，何斌，蔡晶，等. 一类光伏电站架构体系的风荷载特性及折减分析［J］. 结构工程师，2018，34（2）：86－94.

［15］ 许宁，李旭辉，高晨崇，等. 光伏系统风荷载体型系数分析［J］. 太阳能学报，2021，42（10）：17－22.

［16］ He X H，Ding H，Jing H Q，et al. Wind－induced vibration and its suppression of photovoltaic modules supported by suspension cables［J］. Journal of Wind Engineering and Industrial Aerodynamics，2020，206：104275.

［17］ Liu J，Li S，Luo J，et al. Experimental study on critical wind velocity of a 33－meter－span flexible photovoltaic support structure and its mitigation［J］. Journal of Wind Engineering & Industrial Aerodynamics，2023（236）：105355.

［18］ 王泽国，赵菲菲，吉春明，等. 多排大跨度柔性光伏支架的振动控制研究［J］. 武汉大学学报（工学版），2020，53（S1）：29－34.

［19］ 王泽国，赵菲菲，吉春明，等. 多排多跨柔性光伏支架的风致振动分析［J］. 武汉大学学报（工学版），2021，54（S2）：75－79.

［20］ 谢丹，范军. 预应力柔性光伏支承体系风振分析［J］. 建筑结构，2021，51（21）：15－18.

［21］ 杨光，左得奇，侯克让，等. 中小跨度预应力柔性光伏支架风振响应分析及风振系数取值研究［J］. 电力勘测设计，2023（5）：28－33，43.

［22］ 牛斌. 大跨度预应力索桁架光伏支承结构的设计［J］. 太阳能，2018（7）：19－22.

［23］ He X H，Ding H，Jing H Q，et al. Mechanical characteristics of a new type of cable－supported photovoltaic module system［J］. Solar Energy，2021（226）：408－420.

［24］ 尚仁杰，蒋方新，孙悦，等. 考虑几何非线性的柔性光伏支架变形与刚度分析［J］. 力学与实践，2023，45（2）：395－400.

［25］ 周杰，杜金娥，徐佳骆，等. 山区地形下光伏柔性支架预应力索设计分析［C］//2020年工业建筑学术交流会论文集（下册），2020：375－379.

［26］ 唐俊福，林建平，霍静思. 柔性光伏支架结构特性分析及其优化设计［J］. 华侨大学学报（自然科学版），2019，40（3）：331－337.

第 2 章

柔性光伏支架结构设计

2.1 作用和作用组合

2.1.1 风荷载

由于柔性光伏支架结构跨度大、自重轻的特点，风荷载是需要着重考虑的主要荷载之一。根据现行国家标准《建筑结构荷载规范》（GB 50009—2012）的规定[1]，计算结构构件时，垂直于光伏支架结构或光伏组件表面的风荷载标准值应按下式计算：

$$w_k = \beta_z \mu_s \mu_z w_0 \qquad (2-1)$$

式中　w_k——风荷载标准值，kN/m^2；

β_z——风振系数，可按第 7.4.3 条的规定取值；

μ_s——风荷载体型系数，可按第 5.1.4 条的规定选用；

μ_z——风压高度变化系数，可按《建筑结构荷载规范》（GB 50009—2012）取值[1]，对于地面光伏支架可取光伏组件顶端高度；

w_0——基本风压，kN/m^2。

柔性光伏支架基本风压的确定应符合现行国家标准《建筑结构荷载规范》（GB 50009—2012）的有关规定[1]，且不应小于 0.30kN/m^2。地面柔性光伏支架和地基基础设计时，应分别按支架结构设计工作年限重现期和基础设计工作年限重现期确定基本风压。不同重现期的基本风压应按现行国家标准《建筑结构荷载规范》（GB 50009—2012）附录 E 进行计算[1]，且标准第 8.1.2 条规定"对于高层建筑、高耸结构以及对风荷载比较敏感的其他结构，基本风压应适当提高，并应由有关的结构设计规范具体规定。"当柔性光伏支架结构或结构构件的体型或所处地形与环境特别复杂且无参考资料可以借鉴时，一般需要由风洞试验确定基本风压。

由于柔性光伏支架上的光伏组件水平倾角通常较小，现行国家标准《建筑结构荷载规范》（GB 50009—2012）[1] 和现行行业标准《光伏支架结构设计规程》（NB/T 10115—2018）[2] 中仅给出倾角小于等于15°时体型系数值，没有给出其他小倾角工况下光伏组件的风荷载体型系数。因此，结合现有石家庄铁道大学等单位的风洞试验研究结果[3]，采用CFD仿真手段对小倾角的柔性光伏支架支撑光伏组件的体型系数进行了研究，柔性光伏支架结构的风荷载整体体型系数宜按表2-1的规定选用。考虑到光伏组件上的风荷载不均匀分布情况，在风吸和风压时均将风荷载简化为阶梯形分布，以考虑不均匀风荷载产生的扭转效应。同时，表中包括光伏组件倾角从0°到25°的情况，基本覆盖了常见的倾角范围。同一行两端的光伏组件所受风荷载虽比中间的光伏组件偏大，但由于柔性光伏支架结构一般跨度较大，端部光伏组件所受风荷载总体占比很小，因此不考虑这一差异。而当光伏组件按阵列布置且阵列数大于7行时，应考虑阵列之间对风荷载的遮挡效应，可对第3行以后的体型系数进行折减，折减系数可取0.8。

表 2-1　　　　　　　　　　　　风荷载整体体型系数表

体　型	体型系数	α					
		0°	5°	10°	15°	20°	25°
μ_{s1} ～ μ_{s2}（图）	μ_{s1}	0.3	0.5	0.8	1.0	1.1	1.2
	μ_{s2}	0.1	0.1	0.2	0.4	0.5	0.5
μ_{s3} ～ μ_{s4}（图）	μ_{s3}	−0.7	−1.0	−1.0	−1.1	−1.2	−1.3
	μ_{s4}	−0.1	−0.3	−0.4	−0.5	−0.6	−0.6

注　1. 其中正值表示风压，负值表示风吸。

　　2. 中间值按线性插值法计算。

　　3. 当光伏组件阵列布置，阵列数大于7行时，可对第3行以后的体型系数进行折减，折减系数可取0.8。

柔性光伏支架结构具有地形适应性强、布置灵活的特点，当在山地和山坡布置时，应在考虑地形条件修正的基础上计算风荷载，地形修正系数取值可根据现行国家标准《工程结构通用规范》（GB 55001—2021）[4] 和《建筑结构荷载规范》（GB 50009—2012）[1] 确定。由于地形条件对风场的影响较为复杂，复杂地形可根据相关资料或专门研究取值。

柔性光伏支架结构在纵向受到风荷载作用时，会产生的纵向水平力作用应按下列规定确定：

（1）当光伏组件沿纵向的坡度为 0°时，水平力可取为 $0.10Aw_h$，其中 A 为光伏面板的水平投影面积，w_h 为光伏组件顶部高度处的风压[2]。

（2）当光伏组件沿纵向的坡度不为 0°时，应根据光伏组件的实际布置情况计算水平力，且不应小于 $0.10Aw_h$。

2.1.2 雪荷载

雪荷载也是柔性光伏支架结构计算中的重要荷载，柔性光伏支架结构的基本雪压应按现行国家标准《建筑结构荷载规范》（GB 50009—2012）附录 E 规定的方法进行计算[1]，且应按对应支架结构设计工作年限的重现期确定基本雪压。进行地基基础设计时，雪荷载应按其设计工作年限重现期确定。

作用于柔性光伏支架结构水平投影面上的雪荷载标准值应按下式计算：

$$s_k = \mu_r s_0 \tag{2-2}$$

式中　s_k——雪荷载标准值，kN/m^2；

　　　μ_r——光伏组件顶面积雪分布系数，倾角小于等于 25°时取为 1.0；

　　　s_0——基本雪压，kN/m^2。

由于当前有关雪荷载分布的资料很少，设计人员应根据具体地区进行专门分析确定雪荷载分布情况，特别要注意由于刮风造成的光伏组件积雪不均匀分布荷载。山区的雪荷载受地形影响较大，应通过实际调查后确定，位于山区的柔性光伏支架结构，应考虑雪荷载的不均匀分布。此外，由于积雪覆盖会显著降低光伏组件的发电量，过度冰冻甚至会影响系统寿命，一般推荐运维过程中采用可靠的除雪、融雪措施，从而可以对雪荷载进行适当折减。

2.1.3 温度作用

环境温度作用与影响是柔性光伏支架结构设计与施工不可忽视的重要问题。制索的环境温度对索下料长度的控制有较大影响，施工张拉时的温度对于张拉完成后的拉索形态和索力也有直接影响。同时，环境温度变化导致的拉索索力和挠度变化也需要在结构设计中充分考虑。

柔性光伏支架结构的基本气温应按现行国家标准《建筑结构荷载规范》（GB 50009—2012）附录 E 规定的方法确定[1]。计算结构或构件的温度作用效应时，应采用材料的线膨胀系数 α_T。钢材的线膨胀系数取 $1.20 \times 10^{-5}/℃$，不锈钢的线膨胀系数取 $1.60 \times 10^{-5}/℃$，索体材料的线膨胀系数宜由试验确定，且取值不小于 $1.20 \times 10^{-5} / °C^{[5]}$。

均匀温度作用标准值按下列规定确定。

（1）对结构最大升温的工况，均匀温度作用标准值按下式计算：

$$\Delta T_k = T_{s,max} - T_{0,min} \tag{2-3}$$

式中 ΔT_k——均匀温度作用标准值，$°C$；

$T_{s,max}$——结构最高平均温度，$°C$；

$T_{0,min}$——结构最低初始平均温度，$°C$。

（2）对结构最大降温的工况，均匀温度作用标准值按下式计算：

$$\Delta T_k = T_{s,min} - T_{0,max} \tag{2-4}$$

式中 $T_{s,min}$——结构最低平均温度，$°C$；

$T_{0,max}$——结构最高初始平均温度，$°C$。

由于太阳辐射的影响，结构表面温度可能远高于基本气温，当采取了可靠隔热措施时，可以适当考虑减小太阳辐射的影响。结构最高平均温度 $T_{s,max}$ 和结构最低平均温度 $T_{s,min}$ 宜根据表面吸热性质考虑太阳辐射的影响后确定。结构的最高初始平均温度 $T_{0,max}$ 和最低初始平均温度 $T_{0,min}$ 应根据结构的合拢温度或形成约束的时间确定，或根据施工时结构可能出现的温度按不利情况确定。柔性光伏支架结构的施工安装温度一般可取施工安装时的日平均温度，如有日照时，应考虑日照的影响。

2.1.4　作用组合

柔性光伏支架结构设计时，应按承载能力极限状态计算结构和构件的强度、稳定性以及连接强度，应按正常使用极限状态计算结构和构件的变形。结构或构件按承载能力极限状态设计时，应采用作用的基本组合或偶然组合计算作用组合的效应设计值，并应采用以下设计表达式进行设计：

$$\gamma_0 S_d \leqslant R_d \tag{2-5}$$

式中 γ_0——结构重要性系数；在抗震设计时取 1.0；

S_d——作用组合的效应设计值；

R_d——结构或构件的抗力设计值；在抗震设计时应除以承载力抗震调整系数 γ_{RE}，γ_{RE} 应按现行国家标准《建筑抗震设计规范》（GB 50011—2010）的规定[6] 取值。

结构或构件按正常使用极限状态设计时，应按以下设计表达式进行设计：

$$S_d \leqslant C \tag{2-6}$$

式中 S_d——作用标准组合的效应设计值，如变形、裂缝等；

  C——设计对变形、裂缝等规定的相应限值，应按各有关现行结构设计规范确定。

考虑到柔性光伏支架结构的特点，其作用与作用效应按非线性关系考虑[7]，非抗震设计时，荷载基本组合的效应设计值应按下式计算：

$$S_d = S(\gamma_G G_k + \gamma_P P + \gamma_w \gamma_{Lw} \psi_w Q_{wk} + \gamma_s \gamma_{Ls} \psi_s Q_{sk} + \gamma_T \gamma_{LT} \psi_T Q_{Tk})$$

$$(2-7)$$

式中 S_d——作用基本组合的效应设计值；

  $S(\cdot)$——作用组合的效应函数；

  G_k——永久作用标准值；

  P——预应力作用的有关代表值；

  Q_{wk}——风荷载标准值；

  Q_{sk}——雪荷载标准值；

  Q_{Tk}——温度作用标准值；

  γ_G——永久作用的分项系数，当作用效应对结构不利时取 1.3，当作用效应对结构有利时，不应大于 1.0；

  γ_P——预应力作用的分项系数，取 1.0；

γ_{Lw}、γ_{Ls}、γ_{LT}——风荷载、雪荷载、温度作用的结构设计工作年限的荷载调整系数，应按现行国家标准《建筑结构荷载规范》（GB 50009—2012）[1] 的有关规定采用；

  γ_w、γ_s、γ_T——风荷载、雪荷载、温度作用的分项系数，均取 1.5；

  ψ_w、ψ_s、ψ_T——风荷载、雪荷载、温度作用的组合值系数，应按表 2-2 采用。

  该组合同时考虑所有作用对结构的共同影响，对永久作用的分项系数，当作用效应对结构不利时取 1.3，当作用效应对结构有利时，不应大于 1.0，可变作用的分项系数取 1.5。考虑到预应力作用主要用于减小索体的挠度，因此预应力作用的分项系数取 1.0。

  抗震设计时，结构构件的地震作用效应和其他作用效应的基本组合应按现行国家标准《建筑与市政工程抗震通用规范》（GB 55002—2021）[8] 和《构筑物抗震设计规范》（GB 50191—2012）[9] 的有关规定计算，且地震作用效应计算应考虑结构大变形的影响。由于柔性光伏支架结构加光伏组件的自重较小，考虑地震作用的组合可能不会是结构设计的控制工况。

  结构或构件按正常使用极限状态设计时，荷载效应应采用标准组合，可按式（2-7）计算，各荷载分项系数应取 1.0。而计算地基变形时，传至基础底面上的作用效应应按正常使用极限状态下作用的准永久值组合确定。

柔性光伏支架结构设计时，宜对施工和检修阶段进行验算，并应符合下列规定。

（1）施工和检修荷载按实际荷载取用并作用于支架最不利位置，且不宜小于 1kN。

（2）进行柔性光伏支架结构施工和检修荷载承载力验算时，作用组合应取永久作用、施工和检修荷载进行组合，永久作用分项系数取 1.3，施工和检修荷载的分项系数取 1.5。

（3）施工和检修变形验算时，作用组合应取永久作用、施工和检修荷载进行组合，永久作用、施工和检修荷载的分项系数均取 1.0。

柔性光伏支架结构设计考虑的作用组合不应少于表 2-2 的组合工况，可变作用的组合值系数应按表 2-2 采用，且应根据实际情况增加作用组合工况。此处仅给出了柔性光伏支架结构设计时至少需要考虑的作用组合以及相应的可变作用组合值系数取值，实际结构设计过程中应增加考虑其他可能的作用组合工况。

表 2-2　　　　　　不同作用组合工况下的可变作用的组合值系数

作用组合工况	ψ_w	ψ_s	ψ_T	ψ_{Eh}
永久作用＋风吸荷载	1.0	—	—	—
永久作用＋风压荷载＋雪荷载	1.0	0.7	—	—
永久作用＋雪荷载＋风压荷载＋温度作用	0.6	1.0	0.6	—
永久作用＋风吸荷载＋温度作用	1.0	—	0.6	—

2.2　柔性光伏支架结构计算

2.2.1　基本计算规定

柔性光伏支架结构设计应包括下列内容：结构方案设计（结构选型、构件布置）；材料选用及截面选择；作用及作用效应分析；结构永久荷载状态、设计荷载状态验算；结构、构件及连接的构造；对制作、运输、安装和防腐等的要求。柔性光伏支架结构设计，应综合考虑材料供应、加工制作与现场施工安装方法，选择合理的结构形式、边缘构件及支撑结构。支架结构的构造应便于制作、运输、安装、维护并使结构受力简单明确，减少应力集中。宜采用通用和标准化构件，当考虑结构部分构件替换可能性时应提出相应的要求。

柔性光伏支架结构设计工作年限不应低于 25 年，且不应小于光伏组件的设计使用寿命。柔性光伏支架的地基与基础的设计工作年限不应低于上部结构的设计工作年限，基础设计等级不应低于丙级，场地和地基条件复杂时应为乙级。根据现行国家标准《工程结构通用规范》GB 55001—2021 的有关规定[4]，位于田野、丘陵、湖区等的柔性光伏支架结构破坏的后果不严重，其安全等级可为三级，结构重要性系数不应小于 0.9；当柔性光伏支架结构破坏的后果严重，对人的生命、经济、社会或环境的影响较大，安全等级应为二级，结构重要性系数不应小于 1.0。当在人流可能较大的场地布置柔性光伏支架结构时，应根据需要调整光伏支架结构或结构构件的安全等级，并应进行专门论证，调整后的安全等级等内容还需遵守现行国家标准《建筑结构可靠性设计统一标准》（GB 50068—2018）的有关规定[7]。柔性光伏支架结构抗震设防类别应为丁类；在抗震设防烈度为Ⅵ度或Ⅶ度的地区，柔性光伏支架结构可不进行抗震验算。纵向地震作用由两端的支承结构承担，横向地震作用由柱间支撑承担。

　　柔性光伏支架结构设计采用以概率理论为基础的极限状态设计方法，以可靠指标度量结构构件的可靠度，采用分项系数设计表达式进行计算。柔性光伏支架结构的承重构件，应按承载能力极限状态和正常使用极限状态进行设计，还应满足永久荷载状态的要求。柔性光伏支架结构以预应力拉索为主要承重构件，结构设计计算中需要考虑以下四个状态：

　　（1）零状态。即索结构在不考虑自重和荷载作用、放样组装时的几何形态。零状态对应的几何尺寸并没有直接的用途，但这个零应力长度是计算拉索带应力下料长度的基础[10]。

　　（2）初始预应力状态。即索结构在仅考虑结构（未安装光伏组件）自重作用，并施加预应力完毕后的状态。该状态是施工张拉的目标状态，即张拉完成后的预应力和几何位形满足设计给定的要求，其初始预拉力需从使用状态进行反推。

　　（3）永久荷载状态。即柔性光伏支架结构在永久荷载（包括光伏组件自重和支架结构自重）作用下的状态。永久荷载状态主要用于结构挠度控制，从而保证结构美观以及动力性能。

　　（4）设计荷载状态。即柔性光伏支架结构在永久荷载、风荷载、雪荷载组合下结构所处状态。此状态用于控制索力处于安全状态，防止结构失效。

　　柔性光伏支架结构计算时，应按照不同工况作用组合进行整体结构建模分析，计算中均应考虑几何非线性的影响，可不考虑材料非线性。几何非线性是悬索理论的固有特点，与初始垂度相比，悬索在荷载增量作用下产生的竖向变形并不是微量，这在小垂度问题中尤为如此，因此索结构的平衡方程必须按考虑变形后新的几何位置来建立。对于阵列规模较大的柔性光伏支架结构，宜进行防连续倒塌设计，从而避免发生成片倒塌事故。

柔性光伏支架结构的荷载状态分析应在初始预应力状态的基础上考虑永久作用与风荷载、雪荷载、温度作用的组合，并应根据具体情况考虑施工安装荷载以及运维过程中出现的荷载。构件及节点设计应采用荷载的基本组合，变形计算应采用荷载的标准组合。由于拉索具有只能受拉不能受压的特点，计算时应假定为理想柔性体，当索内力为负时即意味着出现了松弛现象，索将退出工作，需要避免由于部分索松弛而导致结构体系不成立而失效。当双层索系在由风吸荷载控制的作用组合工况下无法保证下索始终处于受拉状态时，应按单层索系计算。

2.2.2 变形规定

结构变形限值规定对柔性光伏支架结构具有直接影响，如果变形限值过于严格，会导致拉索预应力和拉索直径增加，同时对拉索两端的水平承载结构、基础和锚锭系统提出了更高的受力要求，使得结构造价上升；反之，如果变形限值过于放松，则会致使拉索挠度过大，风致振动效应也较为显著，可能导致光伏组件发生隐裂甚至损坏，影响系统的发电量和寿命。

随着结构挠度限值的减小，结构的挠度随之减小，但索力随挠度限值的减小而增大。采用 $L/150$ 作为挠度控制标准时，结构在永久荷载、风压荷载和雪荷载组合作用下的挠度小于 $L/40$，且对结构挠度、索力和加速度动力响应都能起到明显的控制作用。同时，考虑到夏季环境气温较高，索体可能产生较大升温，从而导致结构挠度增加。因此，规定单层索系结构在常温（20～25℃）永久荷载状态下跨中挠度不应大于 $L/150$，在设计荷载状态下跨中挠度不应大于 $L/50$，其中 L 为单层索系跨度。

在永久荷载状态下双层索系结构中横向连接系处的竖向变形接近为 0，此时柔性光伏支架结构整体平直。因此，规定双层索系结构在常温（20～25℃）永久荷载状态下，各横向连接系之间的上层索（或称上索）挠度限值与单层索系结构相同，上层索跨度取为相邻横向连接系的间距；横向连接系处的竖向位移不宜大于 $L/1000$，其中 L 为双层索系跨度。双层索系结构在设计荷载状态下跨中挠度不应大于 $L/50$，其中 L 为双层索系跨度。

柔性光伏支架结构两端的立柱水平位移不应大于 $H/150$，其中 H 为柱高，且应考虑以下因素进行计算控制：

（1）防止光伏组件在较大水平位移下发生破坏。

（2）防止摇摆柱产生过大弯矩致使摇摆柱或基础发生破坏。

（3）避免结构整体发生过大响应。

钢横梁的挠度限值参考现行国家标准《钢结构设计标准》 （GB 50017—2017)[11] 的规定，不宜大于 $l/250$，l 为受弯构件的跨度，对悬臂梁和伸臂梁取为悬臂长度的 2 倍。

2.2.3　初始预应力状态的确定

确定柔性光伏支架结构的初始预应力状态，是柔性光伏支架结构分析和设计的关键步骤。应综合考虑索结构形式、支承结构及合理预应力取值等要求，并通过反复试算确定拉索的初始几何形状。初始预应力状态对支架结构的重要性表现在以下三个方面：

（1）初始预应力状态是结构设计预期实现的几何形态。

（2）此时的拉索预应力和几何位形为承受荷载作用提供了刚度和承载力。

（3）初始预应力状态是施工张拉的目标状态。

应通过永久荷载状态挠度要求进行反推，从而确定合适的拉索预应力。对于单层索系结构，拉索预应力应使结构跨中挠度小于 $L/150$ 的限值。对于双层索系结构，下层索（或称下索）的索力主要控制横向连接系挠度接近为 0，拉索预应力过大会使结构上拱，对光伏组件产生不利影响，也会增大在风吸工况下的结构风振响应，索力过小会使结构明显下挠，不利于控制风压工况下的结构风振响应；上层索的索力主要控制横向连接系之间的挠度小于 $L/150$。因此，初始预拉力应按要求进行反推计算以使结构满足要求，单层索系结构可以采用解析法计算反推，双层索系结构可以通过力学平衡计算反推。索的初始预应力值应确保结构具有较高的自振频率，保证结构的刚度，减小结构的振动响应。需要注意的是，当初始预应力状态分析中的预应力建立过程与实际的预应力建立过程不一致时，应按实际的预应力建立过程进行施工成形分析。

2.2.4　静力分析

柔性光伏支架结构的静力分析应在初始预应力状态的基础上，对结构在永久作用与可变作用组合下的内力、位移进行分析；当计算结果不能满足要求时，应重新确定初始预应力状态。单索的理论计算是基于以下两点基本假设：①索是理想柔性的，既不能受压，也不能抗弯；②索的材料符合胡克定律，即索的应力和应变符合线性关系。采用解析方法分析单索有两种方法：一种是按荷载沿索长分布的精确计算法，当荷载沿索长均匀分布时索的形状是一悬链线；另一种是按荷载沿索跨分布的近似计算法，当荷载沿跨度均匀分布时索的形状是一抛物线，由于悬链线的计算非常烦琐，在实际应用中，一般均按抛物线计算，按此假定可以推导单索在任意连续分布荷载下的解析法计算公式。

在初始任意分布荷载 $q_0(x)$ 下，单索的初始几何形态宜按式（2-8）计算，计算简图如图 2-1 所示。

$$z_0(x) = \frac{M(x)}{H_0} + \frac{a_0}{l}x \qquad (2-8)$$

式中　$z_0(x)$——单索挠度；

x——水平坐标；

H_0——初始几何状态单索预拉力水平分量；

$M(x)$——跨度等于索跨度的简支梁相应在初始荷载 $q_0(x)$ 下的弯矩函数；

a_0——两端支座高差；

l——跨度。

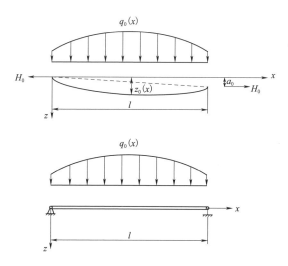

图 2-1　初始几何形态下单索在分布荷载下的计算简图

当分布荷载由初始 $q_0(x)$ 增加到 $q_L(x)$ 时，单索的拉力水平分量可按式（2-9）计算，计算简图如图 2-2 所示。

$$H_L^3 + \left[\frac{EA}{2lH_0^2}\int_0^l V_0^2(x)\mathrm{d}x - H_0 - \frac{EA(a_t^2 - a_0^2)}{2l^2} - \frac{EA(u_t - u_L)}{l} + EA\alpha_T\Delta t\right]H_L^2$$

$$- \frac{EA}{2l}\int_0^l V_t^2(x)\mathrm{d}x = 0 \qquad (2-9)$$

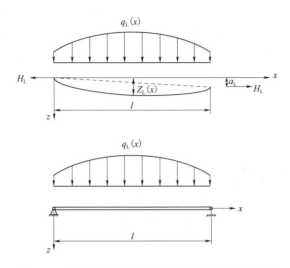

图 2-2 荷载状态时单索在分布荷载下的计算简图

单索的几何形态可按式（2-10）计算，即

$$Z_L(x) = \frac{M_L(x)}{H_L} + \frac{a_l}{l}x \qquad (2-10)$$

式中 H_L——荷载状态时的单索拉力的水平分力；

$V_0(x)$、$V_t(x)$——跨度等于索跨度的简支梁相应在初始荷载 $q_0(x)$ 和最终荷载 $q_L(x)$ 下的剪力函数；

M_L——跨度等于索跨度的简支梁相应在最终荷载 $q_L(x)$ 下的弯矩函数；

$Z_L(x)$——单索几何形状坐标；

A——单索的截面面积；

E——索材料的弹性模量；

u_L、u_t——由初始状态到荷载状态时单层索的左右两端支座水平位移；

α_T——索体材料的线膨胀系数；

Δt——索由初始状态到荷载状态时的温差；

H_0——施加的预拉力；

a_l——两端支座高差；

l——索结构跨度。

静力计算时，应考虑温度作用对结构挠度和索力的影响。温度作用下索结构发生变形，其预拉力会发生较大变化。温度作用对索体预拉力的影响可参照式（2-11）计算，施工时应结合结构实际挠度和索力，对索体预拉力进行调整。

$$\Delta F = \Delta t E A \alpha_T \qquad (2-11)$$

式中　ΔF——预拉力的变化值；

　　　Δt——温度变化幅度；

　　　E——索弹性模量；

　　　A——截面面积；

　　　α_T——索体材料的线膨胀系数。

2.2.5 风效应分析

由于柔性光伏支架结构的风敏感性，在结构设计中需要特别关注结构的风致响应。风荷载对结构的作用表现为平均风压的不均匀分布作用和脉动风压的动力作用，因此结构设计时应考虑风荷载的静力和动力效应。对柔性光伏支架结构进行风静力效应分析时，风荷载整体体型系数应按表2-1的规定取值。

尽管柔性光伏支架结构在风荷载作用下的响应与荷载值呈非线性关系，为了与现行荷载规范的荷载风振系数保持协调，仍采用荷载风振系数来近似计算结构的风动力效应。风振系数与跨度、垂跨比、基本风压等因素有关，跨度越大，风振系数越大；垂跨比越大，风振系数越小；基本风压越大，风振系数越小。对于形状规则的中小跨度光伏支架结构，可采用对平均风荷载乘风振系数的方法近似考虑结构的风动力效应，应符合下列规定：

（1）对于单层索柔性光伏支架，风振系数可取 1.3～1.6。单层索系柔性光伏支架结构适用跨度一般较小，当跨度过大时，风振系数的取值尚需进一步研究。

（2）对于双层索柔性光伏支架，风压工况下风振系数可取 1.3～1.8，风吸工况下设有稳定索等完整抗风体系时风振系数可取 1.6～2.1。双层索系结构的风振系数影响因素较多，且不同工况下计算得出的结构风振系数范围较大，设置稳定索等完整的抗风体系可以有效减小风致响应。

（3）当采取了附加减振措施，有翔实的试验或者动力计算作为依据时，风振系数可根据研究结果取用。设置稳定索可有效减小风致响应，对于在外围布置了稳定索的柔性光伏支架结构阵列，横向连接系可有效解决光伏组件表面风荷载不均匀引起的组件扭转问题，中间排支架的向上位移与横向连接系的刚度有关，当横向连接系刚度较小时，排与排之间的向上位移可能存在较大的差距，中间排支架的向上位移远远大于外围排支架（直接布置稳定索）的向上位移，此时应在中间排支架每隔一定距离补充设置稳定索。对于具体的实际工程项目而言，当有相应的试验研究或者动力分析结果时，风振系数可按实际的研究和分析结果取值。

由于柔性光伏支架结构风振响应机理较为复杂，影响因素较多，以上给出的风振系数取值供设计人员参考，具体工程项目的风振系数取值宜通过风洞试验或者动力响应分析研究确定。对于满足下列条件之一的柔性光伏支架结构，考虑到结构风致动力响应的复杂性，需要根据具体情况开展专门的风效应分析，通过研究确定风致动力效应：跨度超过25m的单层索系支架结构或跨度超过60m的双层索系支架结构；在复杂地形场地布置的支架结构；体型复杂的支架结构。

2.3 柔性光伏支架结构设计验算

2.3.1 拉索设计及施工张拉

拉索应由索体和锚具组成，拉索索体宜采用钢绞线、钢丝绳。钢绞线索体的质量、性能应符合现行国家标准《建筑结构用高强度钢绞线》（GB/T 33026—2017）[12]、《预应力混凝土用钢绞线》（GB/T 5224—2014）[13]、《锌-5％铝-混合稀土合金镀层钢丝、钢绞线》（GB/T 20492—2019）[14]、行业标准《高强度低松弛预应力热镀锌钢绞线》（YB/T 152—1999）[15]、《镀锌钢绞线》（YB/T 5004—2012）[16] 的规定。钢绞线是由多根高强钢丝呈螺旋形绞合而成，可按 1×3、1×7、1×19 和 1×37 等规格选用，钢绞线索体具有破断力大、施工安装方便等特点。钢绞线索体可采用镀锌钢绞线、高强度低松弛预应力热镀锌钢绞线，可选用公称抗拉强度为1570MPa、1670MPa、1720MPa、1770MPa、1860MPa 或 1960MPa 等级别。

钢丝绳索体的质量、性能应符合现行国家标准《钢丝绳通用技术条件》（GB/T 20118—2017）[17] 的规定，密封钢丝绳的质量、性能应符合现行行业标准《密封钢丝绳》（YB/T 5295—2010）[18] 的规定。钢丝绳索体宜采用密封钢丝绳、单股钢丝绳、多股钢丝绳截面形式，钢丝绳索体应由绳芯和钢丝股组成，结构用钢丝绳应采用无油镀锌钢芯钢丝绳，可选用公称抗拉强度为1570MPa、1720MPa、1770MPa、1860MPa 或 1960MPa 等级别。不锈钢钢绞线和不锈钢丝绳的质量、性能、公称抗拉强度应分别符合现行国家标准《不锈钢钢绞线》（GB/T 25821—2010）[19] 和《不锈钢丝绳》（GB/T 9944—2015）[20] 的规定。

索体材料的弹性模量和线膨胀系数宜由试验确定。在未进行试验的情况下，参照现行行业标准《索结构技术规程》（JGJ 257—2012）[5] 的数据，索体材料的弹性模量可按表 2-3 取值，仅供设计计算时参考使用。对于多根钢丝束组合索体，特别是钢绞线组合类型索体，应注意其弹性模量变化范围较大。

表 2-3　　　　　　　　　　　　索体材料弹性模量

索 体 材 料		弹性模量/MPa
钢丝绳	单股钢丝绳	1.4×10^5
	多股钢丝绳	1.1×10^5
钢绞线	镀锌钢绞线	$(1.85 \sim 1.95) \times 10^5$
	高强度低松弛预应力钢绞线	$(1.85 \sim 1.95) \times 10^5$
	预应力混凝土用钢绞线	$(1.85 \sim 1.95) \times 10^5$

拉索的抗拉力设计值应按式（2-12）计算，即

$$F = \frac{F_{tk}}{\gamma_R} \qquad (2-12)$$

式中　F——拉索的抗拉力设计值，kN；

　　　F_{tk}——拉索的极限抗拉力标准值，kN；

　　　γ_R——拉索的抗力分项系数，取 2.0。

考虑钢索抗拉强度的离散性，而且索体与锚具连接时存在一定程度的强度折减，拉索的抗力分项系数取 2.0[5]。由于拉索中各钢丝的受力不完全相同，"拉索的极限抗拉力标准值"对应拉索的最小破断索力，而不是钢丝破断力的总和。拉索锚具及其组装件的极限承载力不应低于索体的极限抗拉力标准值，钢拉杆接头的极限承载力不应低于杆体的极限抗拉力标准值，从而实现"强锚固"的目的。拉索存在弯折使用的情况时，应根据偏斜拉伸试验结果，对钢索极限抗拉力标准值降额使用。偏斜拉伸试验按现行国家标准《预应力混凝土用钢材试验方法》（GB/T 21839—2019）[21] 的有关规定进行。

拉索张拉前应进行预应力施工全过程模拟计算，根据支架结构的永久荷载状态反推零状态、初始预应力状态和设计荷载状态，计算时应考虑拉索张拉过程对预应力结构的作用及对支承结构的影响，应根据拉索的预应力损失情况确定适当的预应力超张拉值。拉索张拉应遵循分阶段、分级、对称、缓慢匀速、同步加载的原则。拉索张拉前应确定以索力控制为主或

结构位移控制为主的原则。对结构重要部位宜同时进行索力和位移双控制，并应规定索力和位移的允许偏差。拉索张拉时可直接用千斤顶与经校验的配套压力表监控拉索的张拉力，且需要索力计等其他测力装置同步监控拉索的张拉力。拉索张拉尚应满足下列要求：

（1）张拉时，应综合考虑边缘构件及支承结构刚度与索力间的相互影响。

（2）拉索分阶段分级张拉时，应防止边缘构件变形过大。

（3）各阶段张拉后，应检查张拉力、拱度及挠度；张拉力允许偏差不宜大于设计值 10%，拱度及挠度允许偏差不宜大于设计值的 5%。

拉索张拉时应考虑预应力损失，张拉端锚固压实内缩引起的预应力损失 σ_{II} 应按式（2-13）计算，即

$$\sigma_{\mathrm{II}} = \frac{a}{l}E \qquad (2-13)$$

式中　a——张拉端锚固压实内缩位移值，可按表 2-4 取值；

　　　E——索材料的弹性模量；

　　　l——拉索长度。

表 2-4　　　　　　　　张拉端锚固压实内缩位移值

锚 具 类 型		a/mm
端部螺母连接锚具	螺母间隙	1
夹片式锚具	端部夹片有顶压	5
	端部夹片无顶压	6~8

拉索张拉完成后的拉力、挠度应满足设计要求，当施工温度与常温不一致时，应根据施工温度条件对索力和挠度控制标准进行计算调整；拉索张拉完成后，索体、锚具及其他连接件的永久性防护工程应满足设计要求。

2.3.2　立柱设计

柔性光伏支架结构的立柱可以采用钢立柱或钢筋混凝土立柱。钢立柱可采用工字形截面、箱形截面或圆管截面，钢立柱应按压弯构件或拉弯构件进行强度、整体稳定、局部稳定计算，具体的承载力计算公式可以参照现行国家标准《钢结构设计标准》（GB 50017—2017）[11] 和《冷弯薄壁型钢结构技术规范》（GB 50018—2002）[22] 的有关规定。钢筋混凝土立柱应按偏心受压构件或偏心受拉构件进行设计计算，计算公式可以按现行国家标准《混凝土结构设计规范》（GB 50010—2010）[23] 采用。

当采用桩柱一体式立柱时，预应力混凝土管桩应按现行行业标准《建筑桩基技术规范》（JGJ 94—2008）[24]、《预应力混凝土管桩技术标准》（JGJ/T 406—2017）[25] 的有关规定进行设计计算，立柱的高度应从水平荷载作用下桩身最大弯矩位置处计算。

立柱在纵向的计算长度取柱的高度乘以计算长度系数 μ，计算长度系数应根据框架支撑设置情况、立柱上下两端的约束条件进行计算确定。当中部立柱上部与拉索采用固定连接时，两侧拉索可以对立柱形成侧向约束，柱的计算长度系数取 1.0，当中部立柱上部与拉索不采用固定连接时，柱顶无可靠约束作用，柱的计算长度系数取 2.0。

立柱在横向的计算长度应取侧向支承点间的距离，这取决于侧向支承的设置情况，当柱顶设置有钢横梁或者钢桁架且设有柱间支撑时，柱的平面外计算长度系数取 1.0。当未设置侧向支承时，应按悬臂柱确定计算长度。

中部立柱采用铰接柱脚时，可按轴心受力构件进行设计计算；中部立柱采用非理想铰接柱脚时，应进行在轴压力和弯矩共同作用下的设计计算。中部立柱上部与拉索采用固定连接时，两侧拉索可以对立柱形成侧向约束，可由计算的柱顶水平位移反推柱底端的弯矩；中部立柱上部与拉索不采用固定连接时，柱顶无可靠约束作用，可由柱顶水平位移与拉索的滑动摩擦力两者之间的较小值计算柱底端的弯矩，参考一般的钢—钢系数取值，此处的摩擦系数取值不应小于 0.2。因此，对刚度较大的短柱，中部立柱柱脚应按刚接设计，中部立柱上部宜与拉索设成滑动连接，柱顶水平力 ΔN_d 由摩擦力决定，可按式（2-14）计算，即

$$\Delta N_d = \mu N_c \qquad (2-14)$$

式中　N_c——中部立柱的拉力、压力最大值；

　　　μ——摩擦系数，取值不应小于 0.2。

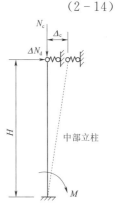

对高度较高的中部立柱，当采用非理想铰接柱脚，且立柱上部与拉索采用固定连接时，其受力简图如图 2-3 所示。柱底端所受弯矩包括整体结构建模分析得出的弯矩和由风荷载导致的柱顶摇摆附加水平位移产生的弯矩。对于风荷载导致的柱顶摇摆附加水平位移，立柱上端位移的产生主要是由于立柱不同跨的拉索变形不同导致的。为简化计算，将索体视为抛物线形态，根据结构跨中挠度推算索长，并与初始状态相减，可

图 2-3　中部立柱
受力简图

得到立柱上端位移的最大值。当中部立柱左端索体在风荷载作用下绷紧，右端索体松弛时，摇摆柱的水平位移达到最大，如图 2-4 所示，故可以通过柔性光伏支架结构中索结构长度变化来计算摇摆柱最大水平位移。

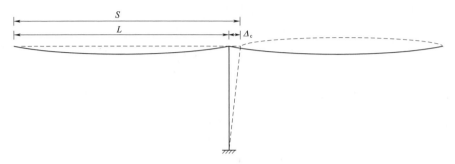

图 2-4　中部立柱上端水平位移计算

通过合理调整拉索预拉力使结构跨中挠度满足挠度限值的规定，根据对不同跨度柔性光伏支架结构的计算结果可以拟合提出中部立柱最大水平位移的理论公式，而且当柔性光伏支架结构的跨数较多时，摇摆柱最大水平位移也会由于叠加效果呈增大趋势。

因此，当中部立柱上部与拉索采用固定连接时，可按式（2-15）计算柱顶水平位移 Δ_c，且由柱顶水平位移 Δ_c 反推柱底端的弯矩；当中部立柱上部与拉索不采用固定连接时，可由柱顶水平位移 Δ_c 与拉索的滑动摩擦力两者之间的较小值计算柱底端的弯矩，摩擦系数取值不应小于 0.2。

$$\Delta_c = \frac{f_m^2}{l_0}\left(6 - \frac{130}{n^2 + 25}\right)\lambda_n^{1.5} \tag{2-15}$$

式中　Δ_c——中部立柱柱顶摇摆附加水平位移；

　　　f_m——风吸工况下取支架结构永久荷载和风吸工况组合作用下的挠度，风压工况下取风压荷载工况作用下的挠度，单层索系取跨中挠度，双层索系取横向连接系之间的上索挠度；

　　　n——柔性光伏支架跨数；

　　　l_0——柔性光伏支架跨度；

　　　λ_n——正则化长细比，可按式（2-16）计算，即

$$\lambda_n = \frac{\lambda}{\pi}\sqrt{\frac{f_y}{E}} \tag{2-16}$$

式中　f_y——对钢柱，取为材料屈服强度；对混凝土柱，f_y 按式（2-17）计算，即

$$f_y = \frac{M}{W} \tag{2-17}$$

式中 M——混凝土柱的极限弯矩;

$\quad\quad$ W——截面抵抗矩。

柱顶水平力 ΔN_d 按式 (2-18) 计算, 即

$$\Delta N_d = \frac{3EI}{H^3} \Delta_c \tag{2-18}$$

式中 EI——立柱的抗弯刚度;

$\quad\quad$ H——立柱高度, 对有承台的立柱, H 从承台顶面计算, 对无承台 (桩柱一体) 的立柱, H 从水平荷载作用下桩身最大弯矩位置处计算。

2.3.3 钢横梁设计

钢横梁可采用工字形截面、箱形截面等, 端部锚固钢横梁宜采用箱形截面, 这是因为钢拉索的拉力作用会导致支架结构端部的钢横梁受扭矩作用。钢横梁应按现行国家标准《钢结构设计标准》(GB 50017—2017)[11] 进行强度和稳定计算, 焊接截面钢横梁可考虑腹板的屈曲后强度, 梁腹板应按现行国家标准《钢结构设计标准》(GB 50017—2017)[11] 的规定配置加劲肋并进行局部稳定计算。

当钢横梁受扭矩作用时, 应考虑弯矩、扭矩和剪力共同作用下的强度计算。此时, 考虑扭矩作用的影响, 梁的塑性受剪承载力由 $V_{pl,Rd}$ 降为 $V_{pl,T,Rd}$, 且可由式 (2-19)～式 (2-21) 计算[26]。

工字形或 H 形截面:
$$V_{pl,T,Rd} = \sqrt{1 - \frac{\tau_{t,Ed}}{1.25 f_y/\sqrt{3}}} V_{pl,Rd} \tag{2-19}$$

槽形截面:
$$V_{pl,T,Rd} = \left(\sqrt{1 - \frac{\tau_{t,Ed}}{1.25 f_y/\sqrt{3}}} - \frac{\tau_{w,Ed}}{f_y/\sqrt{3}} \right) V_{pl,Rd} \tag{2-20}$$

空心截面:
$$V_{pl,T,Rd} = \left(1 - \frac{\tau_{t,Ed}}{f_y/\sqrt{3}} \right) V_{pl,Rd} \tag{2-21}$$

式中 $V_{pl,T,Rd}$——考虑扭矩作用的塑性受剪承载力;

$\quad\quad$ $V_{pl,Rd}$——未考虑扭矩作用的塑性受剪承载力;

$\quad\quad$ $\tau_{t,Ed}$——由于圣维南扭矩作用 (St. Venant torsion) 产生的剪应力;

$\quad\quad$ $\tau_{w,Ed}$——由于翘曲扭矩产生的剪应力;

$\quad\quad$ f_y——钢材的屈服强度。

当钢横梁所受剪力作用小于其考虑扭矩作用的塑性受剪承载力的一半时，可不考虑扭矩和剪力对梁受弯承载力的影响；反之，在计算梁的受弯承载力时，需要将钢材强度乘以折减系数（$1-\rho$），系数 ρ 可按式（2-22）计算[26]，即

$$\rho = \left(\frac{2V_{Ed}}{V_{pl,T,Rd}} - 1 \right)^2 \qquad (2-22)$$

式中　V_{Ed}——梁所受剪力。

2.3.4　柱间支撑设计

沿柔性光伏支架横向的柱列之间应设置柱间支撑，以组成完整的空间稳定体系。柱间支撑的设计应按支承于柱脚基础上的竖向悬臂桁架计算。柱间支撑采用的形式宜为：门式框架、圆钢或钢索交叉支撑、型钢交叉支撑、方管或圆管人字支撑等。对于圆钢或拉索交叉支撑应按拉杆设计，型钢可按拉杆设计，支撑中的刚性系杆应按压杆设计。

同一柱列不宜混用刚度差异大的支撑形式，在同一柱列设置的柱间支撑共同承担该柱列的水平荷载，横向荷载应按各支撑的刚度进行分配，如图 2-5 所示。

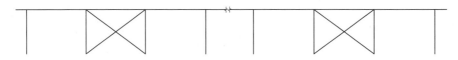

图 2-5　横向柱间支撑布置示例

支撑构件按轴心受压或轴心受拉构件进行设计，其设计计算应符合现行国家标准《钢结构设计标准》（GB 50017—2017）[11] 和《门式刚架轻型房屋钢结构技术规范》（GB 51022—2015）[27] 的规定。

2.3.5　横向连接系设计

横向连接系作为柔性光伏支架结构体系的重要组成部分，应通过柔性光伏支架结构整体建模进行计算分析。横向连接系在与拉索垂直方向上设置，沿横向将各排拉索连接起来，具有较好的抗弯能力，从而抵抗结构扭转和不均匀荷载作用。

在结构横向布置横向连接系后，才能形成稳定的空间结构体系，而且横向连接系的间距不应过大。当纵向主承重索系沿东西向布置时，光伏组件一般朝南向，在风荷载作用下的扭转效应比较明显，为了提高结构的整体性，当纵向主承重索系沿东西向布置时，横向连接系间距不宜超过10m，当纵向主承重索系沿南北向布置时，支承光伏组件的承重索系扭转

效应较小，横向连接系间距可以适当放宽，当设有横向连续檩条或光伏组件倾角较小时，横向连接系的间距可以进一步适当放宽。

横向连接系可由桁架或刚性构件组成，整体应按照受弯构件进行设计计算，需要保证构件的强度和稳定，其组成构件的设计计算应符合现行国家标准《钢结构设计标准》（GB 50017—2017）[11]、《冷弯薄壁型钢结构技术规范》（GB 50018—2002）[22] 和《门式刚架轻型房屋钢结构技术规范》（GB 51022—2015）[27] 的规定。

2.3.6 基础和锚锭系统设计

柔性光伏支架结构的基础应根据建设场地的工程地质条件、上部支架设计要求和施工条件等因素进行设计，选择采用桩基础、锚杆基础、扩展基础或复合桩基础。拉索可直接采用地下锚锭系统，根据具体情况可采用重力锚、盘形锚、蘑菇形锚、摩擦桩、抗拔桩、阻力墙等类型，如图 2-6 所示。拉索的锚锭系统类型主要参照了现行行业标准《索结构技术规程》（JGJ 257—2012）[5] 的规定，在此基础上补充了采用抗拔桩的锚锭系统，且抗拔桩之间需要采取必要的连接措施，从而确保抗拔桩协同工作。

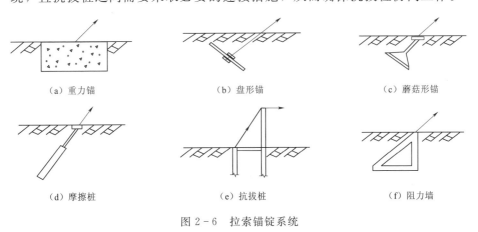

（a）重力锚　　　　　　（b）盘形锚　　　　　　（c）蘑菇形锚

（d）摩擦桩　　　　　　（e）抗拔桩　　　　　　（f）阻力墙

图 2-6　拉索锚锭系统

柔性光伏支架结构的基础设计应按下列规定进行承载力计算和稳定性验算：

（1）各类基础均应按现行国家标准《建筑与市政地基基础通用规范》（GB 55003—2021）[28]、《建筑地基基础设计规范》（GB 50007—2011）[29]、《太阳能发电站支架基础技术规范》（GB 51101—2016）[30] 和现行行业标准《建筑桩基技术规范》（JGJ 94—2008）[24] 的有关规定进行竖向地基承载力和桩身承载力计算。

（2）受水平荷载的桩基础，应按现行国家标准《建筑地基基础设计规范》（GB 50007—2011）[29] 和现行行业标准《建筑桩基技术规范》（JGJ 94—2008）[24] 的有关规定进行水平承载力计算和桩身受弯承载力计算，且应按现行行业标准《架空输电线路基础设计规程》（DL/T 5219—2023）[31] 的有关规定进行抗倾覆验算。当水平荷载较大时，可考虑在该桩基外侧布置承受水平拉力的锚桩基础。

（3）受水平荷载的扩展基础，应按现行国家标准《太阳能发电站支架基础技术规范》（GB 51101—2016）[30] 和现行行业标准《光伏支架结构设计规程》（NB/T 10115—2018）[2] 的有关规定进行抗滑移和抗倾覆稳定验算。

（4）受上拔荷载的桩基础，应按现行行业标准《建筑桩基技术规范》（JGJ 94—2008）[24] 的有关规定进行抗拔稳定验算，钢筋混凝土抗拔桩尚应进行正截面受拉承载力及裂缝控制计算。桩基础在竖向荷载作用下地基承载力或抗拔承载力不能满足要求时，可考虑将桩基础端部扩大。

（5）埋入地下的扩展基础和端部扩大的桩基础，其上拔稳定应按现行行业标准《架空输电线路基础设计规程》（DL/T 5219—2023）[31] 中规定的土重法或剪切法进行验算；复合桩基础承台配筋计算中应考虑上拔力的不利影响。

（6）锚杆的间距和长度应满足锚杆所锚固的结构物及地层整体稳定性的要求，锚杆锚固段的间距不应小于 1.5m。锚杆结构设计时，应对锚杆的抗拉承载力、锚杆锚固段注浆体与锚杆之间以及注浆体与地基之间的抗拔承载力进行计算，且应符合现行国家标准《岩土锚杆与喷射混凝土支护工程技术规范》（GB 50086—2015）[32] 的有关规定。

（7）基桩和锚杆的承载力特征值应根据现场载荷试验确定，试验可采用慢速维持荷载法或快速维持荷载法，且应符合现行国家标准《建筑地基基础设计规范》（GB 50007—2011）[29] 的有关规定。

当采用桩基础时，尤其是桩长较小（刚性桩）时应注意按桩基规范抗拔桩计算和架空输电线路的土重法（或剪切法）计算，且按二者最不利情况考虑。重力锚和摩擦桩的上拔稳定应按现行行业标准《建筑桩基技术规范》（JGJ 94—2008）[24] 中抗拔桩基承载力的相关规定进行验算；盘形锚、蘑菇形锚和阻力墙的上拔稳定应按现行行业标准《架空输电线路基础设计规程》（DL/T 5219—2023）[31] 中拉线盘上拔稳定的相关规定进行验算。

地基基础的变形验算应满足柔性光伏支架及其光伏组件安全正常使用的要求，且由端部基础变形导致水平承载结构的倾斜率应小于 1/200。柔性光伏支架端部基础变形会导致水平承载结构的倾斜，从而会导致拉索变形增加、端部立柱弯矩增大，因此需要对端部基础变形导致水平承载结构的倾斜进行限制。

柔性光伏支架基础的耐久性设计应根据设计工作年限和现行国家标准《混凝土结构耐久性设计标准》（GB/T 50476—2019）[33] 的规定进行设计并采取必要的防腐蚀措施。柔性光伏支架基础质量检验应符合现行国家标准《建筑地基基础工程施工质量验收标准》（GB 50202—2018）[34]、《太阳能发电站支架基础技术规范》（GB 51101—2016）[30] 和现行行业标准《建筑基桩检测技术规范》（JGJ 106—2014）[35] 的相关规定。

桩基础应进行竖向抗压承载力、抗拔承载力和水平承载力检验，检验数量不应少于同一条件下总桩数的 1‰，且不应少于 6 根[30]。锚杆基础应进行抗拔承载力检验，检验数量不应少于总锚杆根数的 0.5‰，且不应少于 6 根[30]。光伏支架基础所承受的竖向压力一般较小，在桩基础设计中一般是上拔力和水平荷载对短桩基础设计起控制作用。因此，必须要对桩基础进行抗拔承载力和水平承载力检验。采用锚杆基础时，锚杆数量一般是采用桩基础时工程桩数量的倍数，因此抽检比例同桩基础相比有所降低。

2.4　柔性光伏支架结构节点设计与构造

2.4.1　拉索连接节点

拉索连接节点的构造设计应考虑施加预应力的方式、结构安装偏差及进行二次张拉的可能性，且拉索连接节点应满足其承载力设计值不小于拉索内力设计值 1.25～1.5 倍的要求。拉索转折节点应设置滑槽或孔道，滑槽或孔道内可以涂润滑剂或加衬垫，或采用摩擦系数低的材料；应验算转折节点处的局部承压强度，并采取加强措施。

拉索常用锚具及连接的构造形式应满足安装和调节的需要。钢丝绳索体可采用热铸锚锚具或冷铸锚锚具，钢绞线索体可采用夹片锚具，也可采用挤压锚具或压接锚具，夹片锚具一般应有防松装置。拉索索头宜设计为可调节索长的形式，便于对索力进行微调。对于索系构成较复杂的支架结构，宜采用定尺定长设计及张拉施工。

索与索之间的连接主要指承重索与稳定索之间的连接，双向拉索的连接示意如图 2-7 所示，拉索与稳定索的连接示意如图 2-8 所示，这两类连接宜分别采用 U 形夹具和螺栓夹板。索体在夹具中不应滑移，夹具与索

体之间的摩擦力应大于夹具两侧索体的索力之差，并应采取措施保证索体
防护层不被挤压损坏。

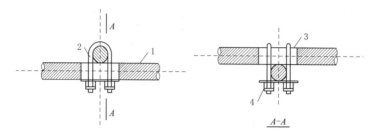

图 2-7 双向拉索的连接示意图

1—拉索；2—U 形夹具；3—厚铅皮；4—双螺母

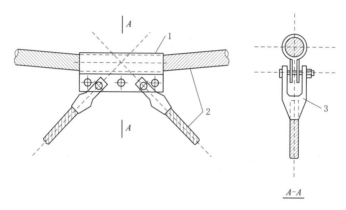

图 2-8 拉索与稳定索的连接示意图

1—钢夹板；2—拉索；3—锚具

2.4.2 索与支承构件连接节点

拉索与钢横梁的锚固节点示意如图 2-9（a）所示，应采取可靠、有效的构造措施，保证传力可靠、施工便利并减少预应力损失，避免索发生局部弯折，同时应保证锚固区的局部承压强度和刚度。应对锚固节点区域的主要受力杆件、板域进行应力分析和连接计算。节点区应避免焊缝重叠、开孔等。拉索与钢横梁的连接示意如图 2-9（b）所示，应采用弧形索鞍，使拉索绕过钢横梁并使其平顺改变方向，且应采取可靠措施保证索体防护层不被挤压损坏。当拉索与钢横梁的连接未采取固定连接时，应采取可靠构造措施保证索体防护层不被摩擦损坏。

拉索与撑杆的连接节点应采用索夹具连接，且在构造上应满足拉索与撑杆之间不产生相对滑移的要求。双层索系支架结构中上、下拉索与撑杆

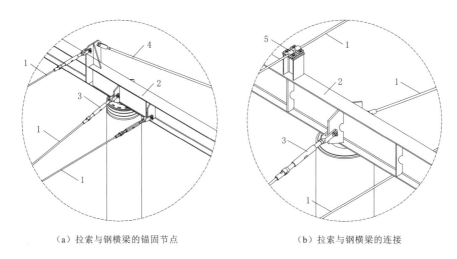

（a）拉索与钢横梁的锚固节点　　　　　　（b）拉索与钢横梁的连接

图 2-9　拉索与钢横梁的连接节点示意图
1—拉索；2—钢横梁；3—拉索锚具；4—端部斜拉杆；5—索夹具

之间的连接节点应采用索夹具，夹具夹紧之后索体在夹具中不应滑移，这是确保双层索系结构中上、下层拉索协同工作的必要条件，同时应注意防止索夹损伤拉索护套表面。

拉索与钢筋混凝土支承构件的连接宜通过预埋钢管或预埋锚栓将拉索锚固，拉索与钢支承构件的连接宜通过加肋钢板将拉索锚固，通过端部的螺母与螺杆调整拉索拉力。可张拉的拉索锚具与支座的连接应保证张拉区有足够的施工空间，便于张拉施工操作。对于张拉节点，设计时应根据可能出现的节点预应力超张拉情况，验算节点承载力，且可张拉节点应有可靠的防松措施。

2.4.3　其他节点

由于柔性光伏支架结构可能存在的振动响应，光伏组件与拉索之间的连接节点需要设置压块，确保在振动过程中不至于损坏组件。结构振动加速度产生的拉力一般会大于光伏组件表面风荷载导致的拉力，而且可能存在受力不均和疲劳问题，因此要求光伏组件与拉索之间的连接节点应设置压块等有效构造措施，确保光伏组件与拉索之间的可靠连接。

钢横梁与立柱连接节点可采用栓焊混合连接、螺栓连接、焊缝连接、端板连接等构造形式。梁柱连接节点采用刚性或半刚性连接时，节点应按现行国家标准《钢结构设计标准》（GB 50017—2017）[11] 的规定对弯矩和剪力作用下的强度进行验算。

钢立柱的柱脚可采用铰接柱脚或刚接柱脚。钢立柱的柱脚节点应按现行国家标准《钢结构设计标准》（GB 50017—2017)[11] 的有关规定进行设计计算。

参 考 文 献

[1] 中华人民共和国住房和城乡建设部，中华人民共和国国家质量监督检验检疫总局. 建筑结构荷载规范：GB 50009—2012 [S]. 北京：中国建筑工业出版社，2012.

[2] 国家能源局. 光伏支架结构设计规程：NB/T 10115—2018 [S]. 北京：中国计划出版社，2018.

[3] 马文勇，柴晓兵，马成成. 柔性支撑光伏组件风荷载影响因素试验研究 [J]. 太阳能学报，2021，42（11）：10-18.

[4] 中华人民共和国住房和城乡建设部，国家市场监督管理总局. 工程结构通用规范：GB 55001—2021 [S]. 北京：中国建筑工业出版社，2021.

[5] 中华人民共和国住房和城乡建设部. 索结构技术规程：JGJ 257—2012 [S]. 北京：中国建筑工业出版社，2012.

[6] 中华人民共和国住房和城乡建设部，中华人民共和国国家质量监督检验检疫总局. 建筑抗震设计规范（2016 年版）：GB 50011—2010 [S]. 北京：中国建筑工业出版社，2016.

[7] 中华人民共和国住房和城乡建设部，国家市场监督管理总局. 建筑结构可靠性设计统一标准：GB 50068—2018 [S]. 北京：中国建筑工业出版社，2018.

[8] 中华人民共和国住房和城乡建设部，国家市场监督管理总局. 建筑与市政工程抗震通用规范：GB 55002—2021 [S]. 北京：中国建筑工业出版社，2021.

[9] 中华人民共和国住房和城乡建设部，中华人民共和国国家质量监督检验检疫总局. 构筑物抗震设计规范：GB 50191—2012 [S]. 北京：中国计划出版社，2012.

[10] 郭彦林，田广宇. 索结构体系、设计原理与施工控制 [M]. 北京：科学出版社，2014.

[11] 中华人民共和国住房和城乡建设部，中华人民共和国国家质量监督检验检疫总局. 钢结构设计标准：GB 50017—2017 [S]. 北京：中国建筑工业出版社，2018.

[12] 中华人民共和国国家质量监督检验检疫总局，中国国家标准化管理委员会. 建筑结构用高强度钢绞线：GB/T 33026—2017 [S]. 北京：中国标准出版社，2017.

[13] 中华人民共和国国家质量监督检验检疫总局，中国国家标准化管理委员会. 预应力混凝土用钢绞线：GB/T 5224—2014 [S]. 北京：中国标准出版社，2014.

[14] 国家市场监督管理总局，中国国家标准化管理委员会. 锌-5%铝-混合稀土合金镀层钢丝、钢绞线：GB/T 20492—2019 [S]. 北京：中国标准出版社，2019.

[15] 国家冶金工业局. 高强度低松弛预应力热镀锌钢绞线：YB/T 152—1999. [S]. 北京：中国标准出版社，2000.

[16] 中华人民共和国工业和信息化部. 镀锌钢绞线：YB/T 5004—2012 [S]. 北京：冶金工业出版社，2013.

[17] 中华人民共和国国家质量监督检验检疫总局，中国国家标准化管理委员会. 钢丝绳通用技术条件：GB/T 20118—2017 [S]. 北京：中国标准出版社，2017.

[18] 中华人民共和国工业和信息化部. 密封钢丝绳：YB/T 5295—2010 [S]. 北京：冶金工业出版社，2011.

[19] 中华人民共和国国家质量监督检验检疫总局，中国国家标准化管理委员会. 不锈钢钢绞线：GB/T 25821—2010 [S]. 北京：中国标准出版社，2011.

[20] 中华人民共和国国家质量监督检验检疫总局，中国国家标准化管理委员会. 不锈钢丝绳：GB/T 9944—2015 [S]. 北京：中国标准出版社，2016.

[21] 国家市场监督管理总局，中国国家标准化管理委员会. 预应力混凝土用钢材试验方法：GB/T 21839—2019 [S]. 北京：中国标准出版社，2019.

[22] 中华人民共和国建设部，中华人民共和国国家质量监督检验检疫总局. 冷弯薄壁型钢结构技术规范：GB 50018—2002 [S]. 北京：中国计划出版社，2002.

[23] 中华人民共和国住房和城乡建设部，中华人民共和国国家质量监督检验检疫总局. 混凝土结构设计规范（2015 年版）：GB 50010—2010 [S]. 北京：中国建筑工业出版社，2016.

[24] 中华人民共和国建设部. 建筑桩基技术规范：JGJ 94—2008 [S]. 北京：中国建筑工业出版社，2008.

[25] 中华人民共和国住房和城乡建设部. 预应力混凝土管桩技术标准：JGJ/T 406—2017 [S]. 北京：中国建筑工业出版社，2017.

[26] EN 1993－1－1＋A1. Eurocode 3：Design of steel structures－Part 1－1：General rules and rules for buildings [S]. European Committee for Standardization，2014.

[27] 中华人民共和国住房和城乡建设部，中华人民共和国国家质量监督检验检疫总局. 门式刚架轻型房屋钢结构技术规范：GB 51022—2015 [S]. 北京：中国建筑工业出版社，2016.

[28] 中华人民共和国住房和城乡建设部. 建筑与市政地基基础通用规范：GB 55003—2021 [S]. 北京：中国建筑工业出版社，2021.

[29] 中华人民共和国住房和城乡建设部，中华人民共和国国家质量监督检验检疫总局. 建筑地基基础设计规范：GB 50007—2011 [S]. 北京：中国计划出版社，2012.

[30] 中华人民共和国住房和城乡建设部，中华人民共和国国家质量监督检验检疫总局. 太阳能发电站支架基础技术规范：GB 51101—2016 [S]. 北京：中国计划出版社，2016.

[31] 国家能源局. 架空输电线路基础设计规程：DL/T 5219—2023 [S]. 北京：中国计划出版社，2023.

[32] 中华人民共和国住房和城乡建设部，中华人民共和国国家质量监督检验检疫总局. 岩土锚杆与喷射混凝土支护工程技术规范：GB 50086—2015 [S]. 北京：中国计划出版社，2016.

[33] 中华人民共和国住房和城乡建设部，国家市场监督管理总局. 混凝土结构耐久性设计标准：GB/T 50476—2019 [S]. 北京：中国建筑工业出版社，2019.

[34] 中华人民共和国住房和城乡建设部，中华人民共和国国家质量监督检验检疫总局. 建筑地基基础工程施工质量验收标准：GB 50202—2018 [S]. 北京：中国计划出版社，2018.

[35] 中华人民共和国住房和城乡建设部. 建筑基桩检测技术规范：JGJ 106—2014 [S]. 北京：中国建筑工业出版社，2014.

第3章

柔性光伏支架结构静力性能
与动力响应分析

3.1 有限元模型及荷载工况

3.1.1 单层索系模型

采用 ABAQUS 通用有限元分析软件建立单层索系柔性光伏支架结构的数值模型。在拉索两端设置为固接约束以模拟横梁、立柱以及斜拉杆等组成的水平承载结构对柔性拉索的约束作用,同时采用刚性杆连接两根柔性拉索,从而模拟光伏组件对两根拉索产生的连接作用。进行有限元建模时,考虑索结构的垂度效应和几何非线性特性,采用多段直杆梁单元法[1]模拟。有限元模型中梁单元比较细长,其抗弯刚度很小,单元数目越多时就越接近真实状态。已有相关研究表明[2],一般采用 5 个左右的单元就已经可以较为准确地模拟柔性拉索索体。

参照《预应力混凝土用钢绞线》(GB/T 5224—2014)[3],选用 1×7 无黏结预应力热镀锌钢绞线作为承重索,抗拉强度 $R_m=1860\text{MPa}$,弹性模量 $E=1.95\times10^5\text{MPa}$,线膨胀系数 $\alpha_T=1.17\times10^{-5}/\text{℃}$,泊松比 $\nu=0.3$。采用 B31 梁单元对索体进行网格划分,选取不同网格尺寸进行试算分析,以便获得计算准确性和效率的平衡,最终确定网格尺寸取为 1000mm。为了模拟光伏组件对索体的连接作用,采用直径为 40mm 的刚性杆两根平行的拉索,且刚性杆间隔 2m 布置。所建立的单层索系支架结构模型及边界条件如图 3-1 所示。

柔性拉索的预拉力通过降温法施加,需设置的温度值通过式(3-1)计算,即

$$\Delta t = \frac{F}{EA\alpha_T} \tag{3-1}$$

式中 Δt——降温温度;

F——拉索的目标预拉力;

E——索弹性模量；

A——截面面积；

α_T——索体的线膨胀系数。

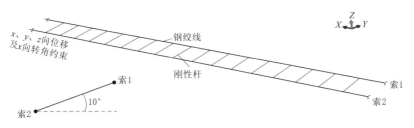

图 3-1　单层索系结构有限元模型及边界条件

3.1.2　双层索系模型

类似地，采用 ABAQUS 有限元分析软件建立双层索系结构的数值模型，如图 3-2 所示。双层索系模型中，上层索有两根，且上索 1 高于上索2，两根索组成的平面与水平面的倾角为 10°。承重索的材料属性和单元类型与单层索系模型相同，即采用无黏结的预应力热镀锌钢绞线和 B31 单元。光伏组件对上层索的连接作用通过直径为 40mm 的刚性杆件来模拟，也采用 B31 单元划分网格。双层索系模型中，上、下层索之间的连接杆件

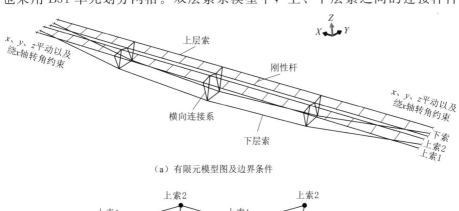

（a）有限元模型图及边界条件

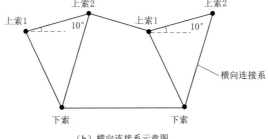

（b）横向连接系示意图

图 3-2　双层索系结构有限元模型及边界条件

以及横向连接系的杆件均设置为直径 40mm、壁厚 4mm 的空心圆钢管，其材料采用 Q235 钢，也采用 B31 单元。

上层索的初始状态设为理想直线，下层索的初始形态按照抛物线性形态设定，下层索的垂度取为结构跨度的 1/20。根据结构端部和跨中点位置确定抛物线公式，进而计算结构中的连接杆件长度。对模型进行网格划分时，上层索的网格尺寸与单层索系模型相同，取为 1000mm，下层索的网格尺寸取 500mm，其余杆件均取 250mm 尺寸划分网格。单独开展模型网格尺寸收敛性分析表明，该网格尺寸可以实现良好的计算效率和准确性。

3.1.3　模型荷载工况

柔性光伏支架结构属于预应力结构，一般有三个状态，即零状态、初始预应力状态和设计荷载状态。零状态是指索结构在不考虑自重和荷载作用、放样组装时的几何形态。拉索从零状态张拉预拉力到达初始预应力状态，并在荷载作用下达到设计荷载状态。由于初始预应力状态决定了设计荷载状态的几何形态，故确定合适的预拉力尤为关键。因此在分析中主要采用以下四类工况：

（1）空索（索自重）。

（2）永久荷载状态（索自重＋光伏组件自重）。

（3）设计荷载状态 1（索自重＋光伏组件自重＋风荷载或风压＋雪荷载）。

（4）设计荷载状态 2（索自重＋光伏组件自重＋风荷载或风吸）。

工况（1）对应拉索的初始状态，工况（2）对应一般正常使用的状态，工况（3）和工况（4）对应两种不同的极限工作状态。各工况计算分析时，按承载能力极限状态下的荷载基本组合计算索力，按正常使用极限状态下的荷载标准组合计算变形。

承载能力极限状态下的荷载基本组合如下：① $1.3S_{GK1}$；② $1.3(S_{GK1}+S_{GK2})$；③ $1.3(S_{GK1}+S_{GK2})+1.5(S_{WK1}+0.7S_{SK})$；④ $1.0(S_{GK1}+S_{GK2})+1.5S_{WK2}$。

位移计算采用正常使用极限状态下的荷载标准组合，各荷载分项系数均取 1.0，则有：① $1.0S_{GK1}$；② $1.0(S_{GK1}+S_{GK2})$；③ $1.0(S_{GK1}+S_{GK2})+1.0(S_{WK1}+0.7S_{SK})$；④ $1.0(S_{GK1}+S_{GK2})+1.0S_{WK2}$。

采用 ABAQUS 隐式计算分析模块（ABAQUS/Standard）中的静力分析（Static，General）对所建立的柔性光伏支架结构有限元模型进行计算求解，分析过程中考虑几何非线性的影响（Nlgeom On）。在荷载步设置中：第一步施加拉索重力荷载（Gravity）；第二步通过降温法对拉索施加初始预拉力；第三步施加光伏组件自重荷载，光伏组件重量取为每块

27.2kg，将其转化为线荷载后施加到拉索上；第四步施加风荷载，风荷载可按式（2-1）计算；第五步施加雪荷载，可按式（2-2）计算。

按照25年重现期确定基本风压，此处取武汉市25年重现期基本风压0.31kN/m²，对于地面光伏支架结构，地面粗糙度类别为B类，风压高度变化系数取1.0。同样按照25年重现期确定基本雪压，取0.38kN/m²。

3.2 柔性光伏支架结构静力性能分析

3.2.1 单层索系模型静力性能分析

对于单层索系结构，可以按照《索结构技术规程》（JGJ 257—2012）[4]中的解析法计算索结构的初始预应力状态和设计荷载状态，在2.2.4小节中给出了解析法计算公式。

建立不同跨度的单层索系模型，结构跨度为5～35m，开展有限元静力分析。各个模型的设计荷载状态下的索力须小于拉索的抗拉力设计值，且控制永久荷载状态下拉索最大挠度与索跨度之比不超过1/200。对所建立的不同跨度单层索系模型进行有限元分析，结构模型在各不同工况下的挠度和索力计算结果见表3-1和表3-2。

表3-1　　　　　　　　单层索系静力作用下跨中挠度计算结果

跨度/m	索径/mm	预拉力/kN	索体	挠度/mm			
				初始预应力状态	永久荷载状态	设计荷载状态1（风压）	设计荷载状态2（风吸）
5	9.5	15	索1	−0.9	−23.7	−99.7	60.9
			索2	−0.9	−23.7	−99.7	60.9
10	11.1	30	索1	−2.4	−48.6	−216.7	127.9
			索2	−2.4	−48.6	−216.7	127.9
15	12.7	45	索1	−4.8	−74.1	−323.1	193.7
			索2	−4.8	−74.1	−323.1	193.7
20	15.2	60	索1	−9.0	−101.3	−440.1	255.2
			索2	−9.0	−101.3	−440.1	255.1
25	17.8	80	索1	−14.4	−122.3	−527.7	299.51
			索2	−14.4	−122.3	−527.4	299.65
30	17.8	95	索1	−17.4	−148.9	−660.2	369.5
			索2	−17.4	−148.9	−659.8	369.7
35	18.9	115	索1	−22.6	−170.8	−762.0	418.8
			索2	−22.5	−170.7	−761.5	419.1

表 3-2　　　　　　　　　　单层索系静力作用下支座处索力计算结果

跨度/m	索径/mm	预拉力/kN	索体	索力/kN			
				初始预应力状态	永久荷载状态	设计荷载状态1（风压）	设计荷载状态2（风吸）
5	9.5	15	索1	15.0	16.0	31.3	22.9
			索2	15.0	16.0	31.4	22.9
			水平合力	30.0	32.0	62.7	45.8
10	11.1	30	索1	30.0	31.5	57.4	39.6
			索2	30.0	31.5	57.4	39.6
			水平合力	60.0	63.0	114.8	79.2
15	12.7	45	索1	45.1	47.1	81.8	62.6
			索2	45.1	47.1	81.8	62.6
			水平合力	90.2	94.2	163.6	125.2
20	15.2	60	索1	60.0	63.0	113.7	84.0
			索2	60.0	62.9	113.5	84.1
			水平合力	120	125.9	227.2	168.1
25	17.8	80	索1	80.1	84.0	147.6	109.8
			索2	80.1	83.9	147.1	110.1
			水平合力	160.2	167.9	294.7	219.9
30	17.8	95	索1	95.1	99.2	170.2	118.9
			索2	95.1	99.0	169.6	119.2
			水平合力	190.2	198.2	339.8	238.1
35	18.9	115	索1	115.1	119.6	200.4	150.4
			索2	115.1	119.4	199.6	151.0
			水平合力	230.2	139.0	400.0	301.4

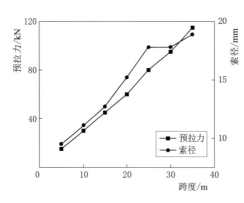

图 3-3　预拉力和索径随支架结构
跨度变化规律

静力荷载作用下，支架结构挠度最大值出现在跨中，索力最大值出现在支座位置，且随着结构外部荷载的增大，索体的挠度、索力变化基本保持一致。图 3-3 所示为预拉力和索径随支架结构跨度的变化情况。由图 3-3 可知，随着跨度的增大，索初始预拉力呈线性增长取值，随着初始预拉力和跨度的增大，索体索力明显增加，即需要采用更大公称直径的钢绞线，从而满足索力设计值的要求。同时，有限元计算分析结果与解析法公式计算结果的对比如图3-4所示，从中可以看到，有限元方法和解析法的计算结果吻合良好，该两种方法均能准确计算静力荷载作用下单层柔性光伏支架结构的挠度和索力。

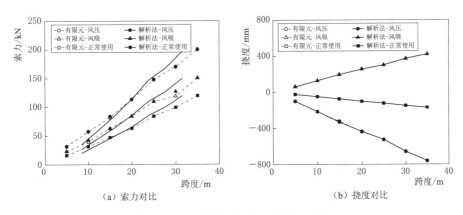

（a）索力对比   （b）挠度对比

图3-4 有限元与解析法计算结果对比

3.2.2 双层索系模型静力性能分析

由于上述单层索系的解析法计算公式并不适用于双层索系柔性光伏支架结构，故采用有限元分析方法对20~50m跨的双层索系结构模型进行计算。通过降温法分别调整上、下层索的预拉力，索直径的控制标准与单层索系结构类似。结构挠度控制标准如下：在永久荷载状态下，调节下层索的预拉力，使结构各横向连接系处的竖向挠度接近为0；调节上层索的索力，使每两个横向连接系间跨中位置的挠度小于 $L/200$，挠度限值控制点示意如图3-5所示。通过有限元分析可以得到不同跨度的双层索系柔性光伏支架结构的静力分析结果，挠度和索力的计算结果见表3-3和表3-4。

对跨度为20~50m的7组双层索系支架结构模型进行静力分析，确保设计荷载状态下的索力小于拉索的抗拉力设计值，同时在永久荷载状态下结构最大挠度与跨度之比不超过1/200。计算得到的索预拉力和索径随跨度的变化如图3-6所示，结果表明：随着双层索系结构跨度的增长，索初始预拉力呈

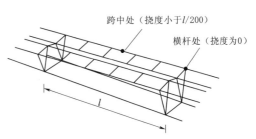

跨中处（挠度小于 $l/200$）

横杆处（挠度为0）

l

图3-5 永久荷载状态下双层索系结构挠度限值控制点示意图

表 3-3　　不同跨度双层索系柔性光伏支架结构挠度计算结果

跨度 /m	索径/mm		预拉力/kN		挠度控制点	挠度/mm			
	上索	下索	上索	下索		初始预应力状态	永久荷载状态	设计荷载状态（风压）	设计荷载状态（风吸）
20	15.2	15.2	20.0	8.0	横向连接系	19.1	0.1	−154.0	399.7
					跨中	15.0	−17.8	−213.8	381.3
25	15.2	15.2	20.0	9.5	横向连接系	40.3	−1.0	−212.6	529.4
					跨中	38.7	−19.2	−291.0	556.9
30	15.2	17.8	20.0	11.0	横向连接系	40.3	−1.0	−212.6	529.4
					跨中	38.7	−19.2	−291.0	556.9
35	15.2	17.8	20.0	14.5	横向连接系	55.2	0.5	−297.0	863.5
					跨中	60.5	−18.9	−396.5	882.1
40	15.2	18.9	20.0	17.5	横向连接系	77.4	1.2	−382.1	1059.0
					跨中	74.2	−16.4	−447.5	1047.9
45	15.2	21.6	20.0	20.0	横向连接系	71.7	−0.2	−378.2	1218.5
					跨中	70.1	−18.3	−457.5	1238.7
50	15.2	21.6	20.0	23.0	横向连接系	90.7	−0.5	−471.0	1478.4
					跨中	87.8	−18.3	−538.5	1466.5

表 3-4　　不同跨度双层索系柔性光伏支架结构索力计算结果

跨度 /m	索径/mm		预拉力/kN		索体	索力/kN			
	上索	下索	上索	下索		初始预应力状态	永久荷载状态	设计荷载状态（风压）	设计荷载状态（风吸）
20	15.2	15.2	20.0	8.0	上索 1	20.0	21.3	48.1	67.6
					上索 2	20.2	21.2	46.5	68.3
					下索	9.9	22.8	100.7	0.2
					水平合力	50.1	65.2	193.2	135.4
25	15.2	15.2	20.0	9.5	上索 1	20.0	21.4	50.3	77.0
					上索 2	20.3	21.2	47.9	77.7
					下索	11.3	26.7	120.7	0.2
					水平合力	51.6	69.3	218.3	153.9
30	15.2	17.8	20.0	11.0	上索 1	20.2	21.8	51.8	86.6
					上索 2	20.3	21.4	48.5	86.8
					下索	13.3	33.1	152.4	0.4
					水平合力	53.6	75.9	249.0	172.5

续表

跨度/m	索径/mm		预拉力/kN		索体	索力/kN			
	上索	下索	上索	下索		初始预应力状态	永久荷载状态	设计荷载状态（风压）	设计荷载状态（风吸）
35	15.2	17.8	20.0	14.5	上索1	19.6	21.3	52.1	93.2
					上索2	20.3	21.1	48.3	94.4
					下索	17.8	40.6	180.3	0.4
					水平合力	57.5	82.4	275.9	186.4
40	15.2	18.9	20.0	17.5	上索1	19.5	21.3	53.2	100.6
					上索2	20.4	21.1	48.6	102.3
					下索	21.8	48.5	211.7	0.5
					水平合力	61.4	90.2	307.7	201.6
45	15.2	21.6	20.0	20.0	上索1	19.5	21.3	51.6	108.8
					上索2	20.3	21.1	47.4	107.4
					下索	25.7	56.0	246.7	1.1
					水平合力	65.1	97.5	339.1	215.1
50	15.2	21.6	20.0	23.0	上索1	19.4	21.5	55.9	118.6
					上索2	20.5	21.3	50.7	123.1
					下索	28.9	62.8	272.3	1.1
					水平合力	68.3	104.7	371.2	240.1

线性增长趋势，索径随跨度呈阶梯状增长，因此对于跨度较大的结构，需要增大索径以满足索力设计值要求。

将不同跨度的双层索系和单层索系柔性光伏支架结构静力性能分析结果进行比较，如图3-7所示。从图中可以看到，在风压工况下，双层索系结构抵抗变形能力较强，而在风吸工况下，由于双层索系结构的下层索会发生松弛，导致结构在风吸作用下跨中挠度发展较大；从索力对比可以看出，在风吸工况下，双层索系结构的下层索处于松弛状态，此时仅由上层索承担风吸荷载，而在风压工况下，下层索的索力明

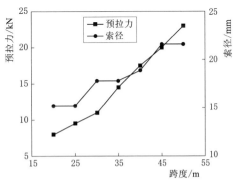

图3-6 双层索系结构下索预拉力
和索径随跨度变化

显增长，上层索的索力增长较小，表明风压工况下外荷载主要由下层索承担。当结构跨度较小时，采用单层索系结构较为适合，而双层索系结构在外荷载作用下挠度和索力更小，一般适用于更大跨度的场景。

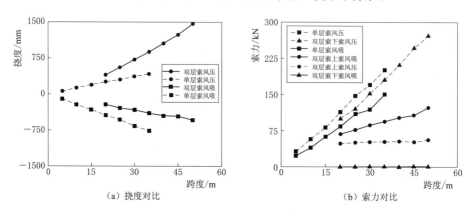

（a）挠度对比　　　　　　　　（b）索力对比

图 3 - 7　双层索系和单层索系支架结构静力性能对比

3.3　柔性光伏支架结构动力响应分析

3.3.1　随机风场模拟

自然风场中的风荷载是时间和空间的变量，风场中任一点的顺向风作用可以分解为平均风和脉动风。其中：平均风是不随时间变化，对结构产生静位移的风；脉动风则是在平均风速上下波动，从而使结构在静位移处产生振动的风。

由自由流体伯努利方程可知，在某个标准高度处的风压 w 和风速 v 的关系为

$$w = \frac{1}{2}\rho v^2 = \frac{1}{2}\rho(\overline{v} + v_{\mathrm{f}})^2 \tag{3-2}$$

式中　ρ——空气密度；

　　　$\overline{v}$——平均风速；

　　　v_{f}——脉动风风速。

在《建筑结构荷载规范》（GB 50009—2012）[5] 中将上式简化为

$$w = \frac{(\overline{v} + v_{\mathrm{f}})^2}{1600} \tag{3-3}$$

其中：w 的单位为 $\mathrm{kN/m^2}$。

故只需知道平均风速和脉动风速即可求得结构某一点的风压值 W，即

$$W = \mu_s \frac{(\bar{v} + v_f)^2}{1600} \tag{3-4}$$

式中　μ_s——结构的体型系数。

此处参照《光伏支架结构设计规程》（NB/T 10115—2018）[6] 中的规定，对于倾角小于 10° 的光伏组件，风压时体型系数取 0.8，风吸时体型系数取 −0.95。

采用指数律[7] 方法计算平均风速，其计算公式为

$$\frac{U(z)}{U_r} = \left(\frac{z}{z_r}\right)^\alpha \tag{3-5}$$

式中　z_r——参考高度；

　　U_r——参考高度处平均风速；

　　α——风速剖面指数，根据不同地表粗糙类型取值。

按照《建筑结构荷载规范》（GB 50009—2012）[5] 的规定，B 类地表粗糙类型 α 取 0.15。

脉动风除了采用现场直接测量的方式以外，还可以通过数值模拟的方式获得。常用的方法主要包括 AR（Autoregressive）线性滤波器法和谐波合成法。谐波合成法在高频率段与目标谱吻合较好，但 AR 线性滤波器法的计算效率更高，其主要原理是通过滤波器将均值为 0 的白噪声过程处理为满足目标风速自谱密度函数的随机过程[8]。早在 1961 年，Davenport 根据在世界上不同地点、不同高度测得的 90 多次强风记录平均结果，给出了较为通用的脉动风功率谱经验表达式[9]，即

$$\frac{nS_u(z,n)}{u_*^2} = \frac{4x^2}{(1+x^2)^{4/3}} \tag{3-6}$$

其中　　　　　　　　　　$x = 1200n/U(10)$

Davenport 谱在建筑结构风振分析中应用较多，已被世界上许多国家的荷载规范包括我国的规范采用。尽管在风工程研究领域，目前已有学者通过研究给出了许多更贴近真实情况的风速功率谱，但实际上由于 Davenport 谱相比这些谱偏大，且偏大的范围正好是频率与结构自振频率接近的部分，其影响较大，因此采用 Davenport 谱可能会在一定程度上高估结构的动力响应，使得结构设计偏于保守，从而提高了安全性，故采用 Davenport 谱进行脉动风模拟。

因此采用 AR 线性滤波器法模拟脉动风，通过 MATLAB 编程模拟风荷载[10]。模拟点取为结构跨中位置，模拟阶数为 4 阶，模拟时长为 60s，时间步长为 0.1s，10m 高度处的平均风速为 22.27m/s。以随机生成的一组结果为例，模拟脉动风速谱如图 3-8 所示，模拟谱与 Davenport 目标谱密度的对比如图 3-9 所示，从中可以看到模拟谱的吻合结果良好。

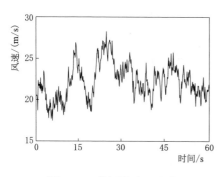 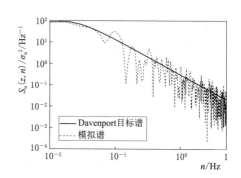

图 3-8　模拟脉动风速谱　　　　图 3-9　模拟 Davenport 谱结果

空间上的任意两点脉动风的风速和风向不可能完全同步，有时甚至是完全无关的性质称为脉动风的空间相关性，当两点距离越远时两点同时达到最大值的可能性就越小。对于纵向跨数和总长度受限的单层或双层索系结构，场地的整体迎风面不大，可以不考虑脉动风空间相关性，但当支架结构的纵向长度较大时，光伏组件横向所承受的风荷载并不完全一致，需要考虑脉动风的空间相关性。

在时域研究中，其空间相关性主要由相干函数来表示，最常用的为 Davenport 提出的相干函数[11]，即

$$Coh(r,\omega) = \exp\left[-\frac{\omega}{\pi}\frac{\sqrt{C_x^2(x-x')^2 + C_y^2(y-y')^2 + C_z^2(z-z')^2}}{\overline{V}(z) + \overline{V}(z')}\right]$$

$$(3-7)$$

其中　　　　　　　　　$C_x = 6,\ C_y = 16,\ C_z = 10$

此外，学者 Shiotani 等提出了另一种与风频率无关的相关函数[12]，文献 [13] 将其扩展到了三维形式，即

$$Coh(r,\omega) = \exp\left(-\sqrt{\frac{\Delta x^2}{L_x^2} + \frac{\Delta y^2}{L_y^2} + \frac{\Delta z^2}{L_z^2}}\right) \qquad (3-8)$$

其中 $$L_x = L_y = 50, \quad L_z = 60$$

已有研究表明[14]，Shiotani 经验公式的空间相关性强于 Davenport 经验公式。考虑到双层索系结构的模拟点距离较近，相关性强，故采用 Shiotani 经验公式即式（3-8）作为相干函数。对于跨度为 50m 的双层索系结构，取横向 12.5m 处点 A 和 37.5m 处点 B，模拟该两点处的风荷载，以随机生成的一组风速时程为例，模拟结果如图 3-10 和图 3-11 所示。可以看出，尽管 A 点和 B 点的脉动风速谱总体比较相似，仍存在一定的差别，而模拟的目标功率谱与 Davenport 谱密度吻合良好。

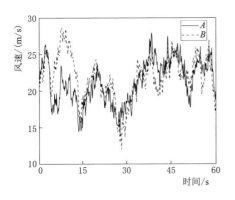

图 3-10 A、B 两点的模拟脉动风速谱对比 　　图 3-11 Davenport 谱互谱模拟结果

3.3.2 单层索系模型动力特性分析

考虑光伏组件和索体自重作用，采用 Block Lanczos 法对 20m 跨的单层索系结构进行模态分析，提取结构的前 10 阶振型，如图 3-12 所示，对应的结构自振周期和固有频率见表 3-5。

表 3-5　　　　　　　　　　　单层索系结构前 10 阶自振频率

阶数	周期/s	频率/Hz	阶数	周期/s	频率/Hz
1	0.572	1.749	6	0.287	3.488
2	0.560	1.787	7	0.194	5.157
3	0.558	1.793	8	0.193	5.184
4	0.289	3.457	9	0.192	5.200
5	0.288	3.475	10	0.147	6.816

从模态分析结果来看，第 1、第 6、第 9 阶以横向振动为主，第 2、第 4、第 7、第 10 阶以竖向振动为主，第 3、第 5、第 8 阶振型以扭转为主。由于风荷载频率较低，前三阶振型起控制作用，且纵向位移较小，故风振分析需主要关注竖向振动。

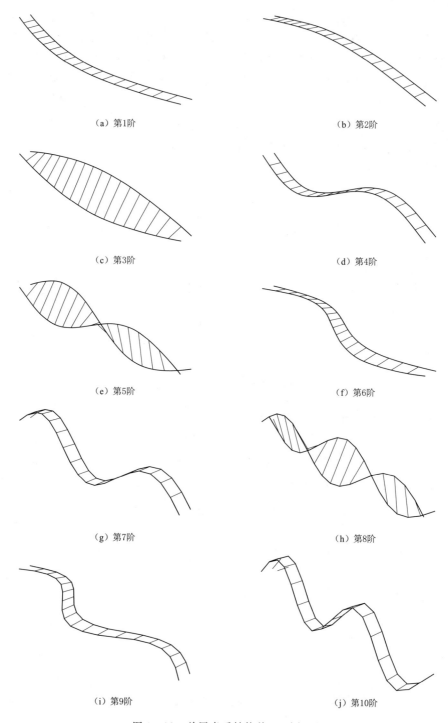

（a）第1阶

（b）第2阶

（c）第3阶

（d）第4阶

（e）第5阶

（f）第6阶

（g）第7阶

（h）第8阶

（i）第9阶

（j）第10阶

图 3－12　单层索系结构前 10 阶振型

3.3.3 单层索系模型动力响应分析

采用时域风振分析法[15] 计算结构的风荷载效应，多自由度体系在平均风压和脉动风压作用下的动力方程为

$$M\ddot{y}(t)+C\dot{y}(t)+Ky(t)=P(t) \tag{3-9}$$

$$P(t)=\frac{1}{2}\mu_{s}(\bar{\upsilon}+\upsilon_{f})A \tag{3-10}$$

式中 M——质量矩阵；

C——阻尼矩阵；

K——刚度矩阵；

A——加载面积。

其中阻尼采用瑞雷阻尼计算，即取质量矩阵和刚度矩阵的线性组合，即

$$C=\alpha M+\beta K \tag{3-11}$$

式中 α、β——瑞雷阻尼系数[16]，可分别按式（3-12）、式（3-13）计算，即

$$\alpha=\frac{2\omega_{i}\omega_{j}(\zeta_{i}\omega_{j}-\zeta_{j}\omega_{i})}{\omega_{j}^{2}-\omega_{i}^{2}} \tag{3-12}$$

$$\beta=\frac{2(\zeta_{i}\omega_{i}-\zeta_{j}\omega_{j})}{\omega_{j}^{2}-\omega_{i}^{2}} \tag{3-13}$$

式中 ω_{i}、ω_{j}——结构第 i、第 j 阶振型的自振圆频率；

ζ_{i}、ζ_{j}——第 i、第 j 阶振型阻尼比，取 0.01[17]。因此，动力方程所有项均已知，便可求解各点动力响应。

将已有的风速时程转化为风压时程后，导入 ABAQUS 有限元软件中计算，可以得到柔性光伏支架结构的风振响应时程。由静力计算结果可知，支架结构挠度最大值出现在跨中，索力最大值出现在支座位置，故动力计算中主要关注跨中处的挠度和加速度，以及支座处的索力。建立跨度为 20m 的支架结构模型，对索施加 60kN 预拉力，索自重和光伏组件自重作为静荷载，转化后的风压时程作为动荷载，采用线荷载方式将荷载施加到索体上，采用动力隐式方法（Dynamic，Implicit）进行结构时域分析。

分别计算风压和风吸两种工况，风压时体型系数取 0.8，风吸时取 -0.95。以第一组风压时程计算结果为例，模型动力响应分析主要形态如图 3-13 所示。从中可以看出，无论是风压还是风吸，两根索的索力、加速度、挠度变化基本一致，结构在风荷载作用下以竖向上下振动为主，没有发生明显的扭转。单层索系模型在风压和风吸两种工况下的动力响力时

程如图 3－14 所示，在风压工况下结构的挠度和索力响应均明显大于风吸工况的响应，而风吸工况下结构的加速度响应大于风压工况的响应。

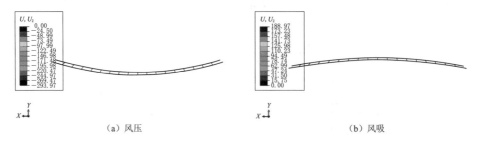

（a）风压　　　　　　　　　　　　　　　　（b）风吸

图 3－13　单层索系模型动力响应分析主要形态（变形放大 5 倍）

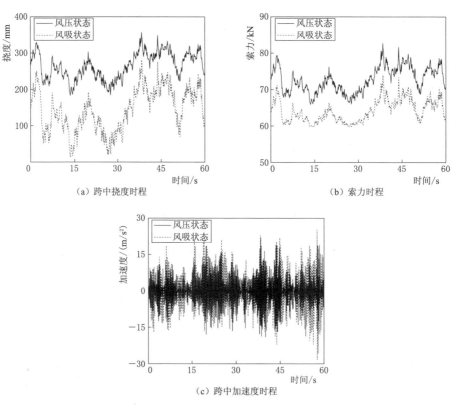

（a）跨中挠度时程　　　　　　　　　　（b）索力时程

（c）跨中加速度时程

图 3－14　单层索系模型动力响应时程

在 10 组不同风速时程作用下，单层索系模型的索力、挠度和加速度最大值汇总列于表 3－6 中。其中：风压索力平均值为 82.97kN，风吸索力平均值为 74.24kN；风压挠度平均值为 357.35mm，风吸挠度平均值为

281.58mm；风压加速度平均值为 22.55m/s²，风吸加速度平均值为 29.90m/s²。结果表明，风吸工况下索力、挠度响应均小于风压工况，但风吸工况下的加速度响应明显大于风吸工况。

表 3-6　　　　10 组风压时程作用下单层索系模型动力响应分析结果

风速时程序号	风 压 工 况			风 吸 工 况		
	索力/kN	挠度/mm	加速度/(m/s²)	索力/kN	挠度/mm	加速度/(m/s²)
1	84.59	370.11	23.39	76.17	300.79	27.28
2	82.82	357.45	22.07	73.95	281.14	28.26
3	86.66	385.46	21.11	79.09	326.24	32.19
4	85.75	377.84	21.68	77.59	312.64	28.35
5	83.39	360.38	28.81	75.39	293.96	30.36
6	82.36	352.05	21.80	73.03	270.55	30.58
7	80.87	342.58	20.56	71.47	254.66	28.66
8	82.02	349.81	22.95	72.95	269.75	32.36
9	78.96	325.45	20.93	69.67	234.99	29.96
10	82.28	352.41	22.22	73.08	271.10	30.96
平均值	82.97	357.35	22.55	74.24	281.58	29.90

3.3.4　双层索系模型动力特性分析

1. 20m 跨双层索系模型动力特性

对 20m 跨的双层索系模型进行模态分析，其前 10 阶振型结果如图 3-15 所示，对应的结构自振频率见表 3-7。

表 3-7　　　　双层索系结构前 10 阶自振频率

阶数	周期/s	频率/Hz	阶数	周期/s	频率/Hz
1	1.139	0.878	6	0.528	1.893
2	0.593	1.686	7	0.426	2.346
3	0.579	1.726	8	0.419	2.386
4	0.570	1.753	9	0.416	2.402
5	0.529	1.890	10	0.396	2.523

从图 3-15、表 3-7 中可以看出，从振型上看 20m 跨双层索系模型第 1、第 2、第 3 阶振型主要为横向和竖向振动，后续振型以扭转和竖向为主。考虑到实际风荷载作用频率较小，且存在横向连接系等连接措施约束结构横向和扭转位移，因此结构主要以竖向振动为主。相比于单层索系结

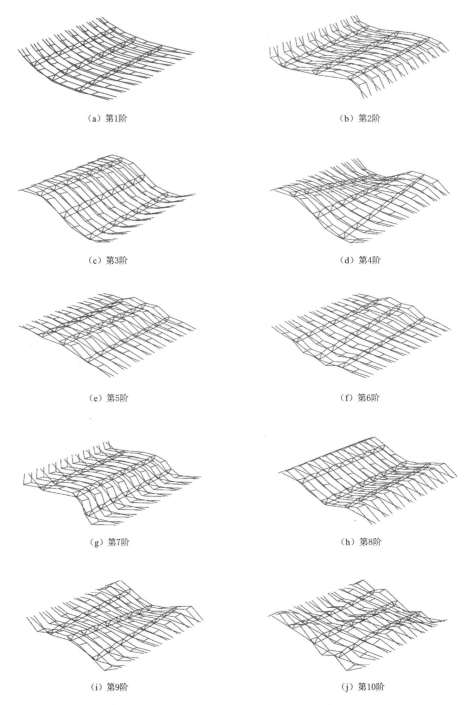

（a）第1阶　　　　　　　　　　　　（b）第2阶

（c）第3阶　　　　　　　　　　　　（d）第4阶

（e）第5阶　　　　　　　　　　　　（f）第6阶

（g）第7阶　　　　　　　　　　　　（h）第8阶

（i）第9阶　　　　　　　　　　　　（j）第10阶

图 3-15　双层索系结构前 10 阶振型

构，20m 跨双层索系模型的自振频率明显减小，且各阶振型的自振频率相差较小。

2. 50m 跨双层索系模型动力特性

为提高计算效率，对 50m 跨双层索系结构计算模型进行简化，将 8 排索系结构简化为 2 排索系结构，如图 3-16 所示，且在 2 排模型中的横向连接系部位设置横向的位移约束，以模拟 8 排模型中横向连接系的约束作用。

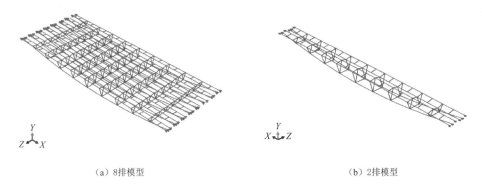

(a) 8排模型　　　　　　　　　　　　(b) 2排模型

图 3-16　50m 跨双层索系模型

采用 ABAQUS 有限元软件分别计算得到 8 排模型和 2 排模型的前 9 阶自振频率和振型，振型计算结果如图 3-17 所示。对比两种模型的前 9 阶振型，可以看出二者的振动形态基本一致，前 9 阶振型以竖向振型为主，因此对 50m 跨双层索系结构主要考虑结构竖向的振动。表 3-8 列出了模型的前 9 阶自振频率结果对比，可以看出，两个模型中前 5 阶振型自振频率比较接近，后 4 阶频率相差较大。考虑结构前几阶振型起主要控制作用，为提高计算效率，合理施加模型约束后可以采用 2 排的 50m 跨双层索模型进行动力响应分析。

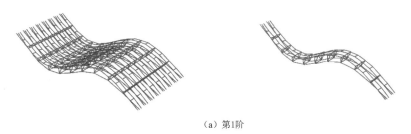

(a) 第1阶

图 3-17（一）　50m 跨双层索系模型前 9 阶振型对比

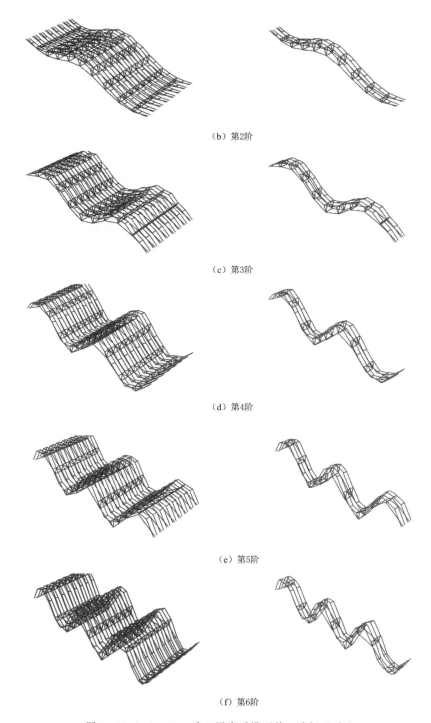

（b）第2阶

（c）第3阶

（d）第4阶

（e）第5阶

（f）第6阶

图 3-17（二） 50m 跨双层索系模型前 9 阶振型对比

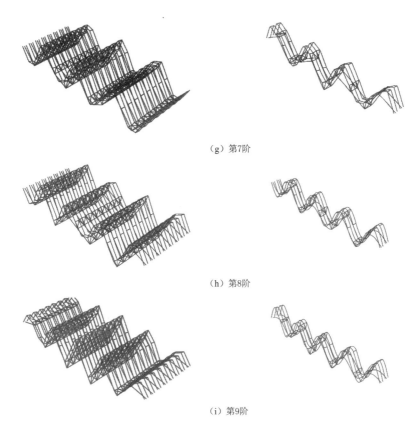

（g）第7阶

（h）第8阶

（i）第9阶

图 3-17（三） 50m 跨双层索系模型前 9 阶振型对比

表 3-8　　　　　　　50m 跨双层索系模型前 9 阶自振频率对比

阶数	8 排周期/s	频率/Hz	阶数	2 排周期/s	频率/Hz
1	1.608	0.622	1	1.597	0.626
2	1.248	0.801	2	1.299	0.770
3	0.932	1.073	3	0.978	1.022
4	0.829	1.206	4	0.806	1.241
5	0.672	1.489	5	0.644	1.553
6	0.582	1.717	6	0.542	1.844
7	0.515	1.941	7	0.467	2.141
8	0.470	2.129	8	0.413	2.420
9	0.443	2.258	9	0.375	2.669

3.3.5 双层索系模型动力响应分析

1. 20m 跨双层索系模型动力响应

对于 20m 跨双层索系模型，分别进行 10 组不同随机风场下风压和风吸工况的计算分析。图 3-18 给出了其中一组风压工况下结构的响应结果，从迎风排光伏支架结构的响应可以看出：双层索系结构中两根上索的挠度、索力变化基本一致，下索作为主要承重索，索力明显大于上索，且索力受风荷载影响较大；对比横向连接系处和跨中处的挠度和加速度响应，发现横向联系杆连接位置的加速度、挠度响应均小于跨中处的响应。

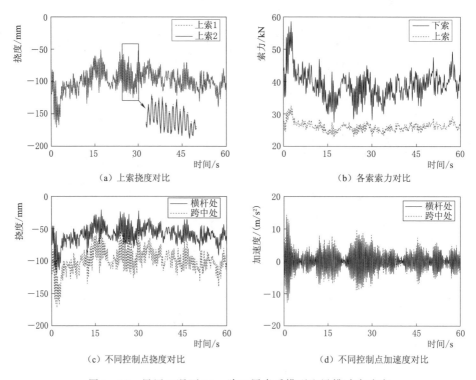

图 3-18 风压工况下 20m 跨双层索系模型迎风排动力响应

定义模型迎风第 1 排为 A 排，第 4 排为 B 排，第 8 排为 C 排，不同排支架的响应对比如图 3-19 所示。其中 A 排的索力和挠度响应大于 B 排，B 排大于 C 排，沿着风向方向，结构动力响应逐排减小。

表 3-9 汇总了 10 组不同风压时程作用下的结构的索力、挠度和加速度最大值计算结果。在风压工况下，最大索力平均值为 56.39kN，最大挠度为 163.18mm，最大加速度为 12.35m/s²；对比 20m 跨单层索系模型计算结果，双层索系模型的最大索力为单层索系的 67%，挠度为 43.13%，

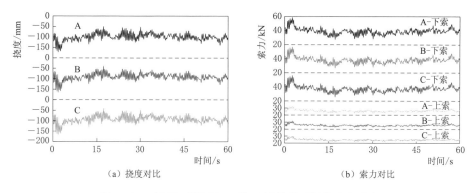

（a）挠度对比　　　　　　　　　　（b）索力对比

图 3-19　风压工况下 20m 跨双层索系不同排响应对比

加速度为 56.19%，表明双层索系模型在风压工况下性能明显优于单层索系模型。

表 3-9　　　风压工况下 20m 跨双层索系模型动力响应分析结果

风速时程序号	最大索力/kN	最大挠度/mm	最大加速度/(m/s²)
1	58.61	171.84	14.33
2	55.95	165.60	13.60
3	61.88	179.06	11.28
4	60.36	173.53	9.98
5	54.09	154.12	10.20
6	54.82	161.81	14.58
7	56.74	158.49	12.23
8	54.79	159.42	14.09
9	52.55	153.75	13.14
10	54.11	154.14	10.04
平均值	56.39	163.18	12.35

　　图 3-20 为其中一组风吸工况下结构的响应结果。从中可以看到两根上层索的挠度存在差别，会导致模型出现一定程度的扭转；在风吸工况下下层索出现松弛，其索力在零附近波动；上层索的索力值较大，且在风荷载作用下表现出较大的变化幅度；与风压工况不同，横向连接系处和跨中处的挠度变化较为一致，且横向连接系处加速度响应明显大于跨中处。

　　不同排支架的响应对比结果如图 3-21 所示。在风吸工况下，上层索更易发生扭转，横向连接系对 A 排和 C 排的约束作用相对较小，故 A 排、C 排的挠度、索力响应均大于其余排，其动力响应最明显，位于中间的 B 排响应最小。

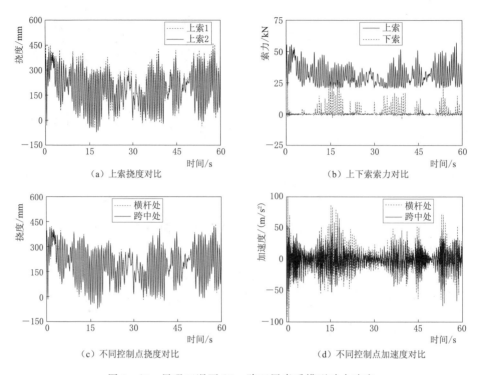

（a）上索挠度对比

（b）上下索索力对比

（c）不同控制点挠度对比

（d）不同控制点加速度对比

图 3-20 风吸工况下 20m 跨双层索系模型动力响应

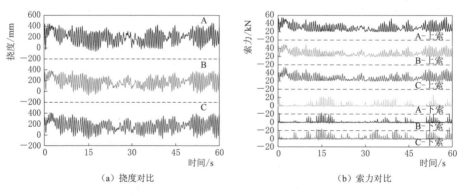

（a）挠度对比

（b）索力对比

图 3-21 风吸工况下 20m 跨双层索系不同排响应对比

在风吸工况下，10 组不同风速时程下 20m 跨双层索系结构的索力、挠度和加速度最大值列于表 3-10 中。索力最大值平均为 67.16kN，挠度最大值平均为 516.37mm，加速度最大值平均为 116.73m/s²。从中可以看出，风吸工况下结构的挠度和索力响应均大于风压工况，特别是风吸工况下结构最大加速度接近风压工况的 10 倍。因此，对于双层索系结构而言，需要重点关注结构在风吸工况下的动力响应，尤其应关注结构加速度响应对于光伏组件的影响。

表 3 – 10　　　风吸工况下 20m 跨双层索系模型动力响应分析结果

风速时程序号	最大索力/kN	最大挠度/mm	最大加速度/(m/s²)
1	57.14	463.04	106.19
2	81.48	604.22	118.13
3	82.04	598.19	122.15
4	69.58	532.25	111.50
5	63.19	478.31	129.31
6	66.77	519.77	77.87
7	59.65	472.26	95.31
8	63.94	510.63	100.39
9	64.99	506.30	191.70
10	62.82	478.73	114.73
平均值	67.16	516.37	116.73

2. 50m 跨双层索系模型动力响应

在 10 组不同的随机风速时程下，分别对 50m 跨双层索系模型在风压和风吸工况的动力响应进行分析，图 3 – 22 给出了其中一组风压工况下的动力响应分析结果。在风压工况下，上层两根索的挠度响应基本一致，表明结构没有产生明显扭转，下层索的索力明显大于上层，横向连接系处与跨中处的挠度和加速度响应比较接近。相比 20m 跨双层索系模型，50m 跨模型的挠度、索力和加速度响应明显增大。

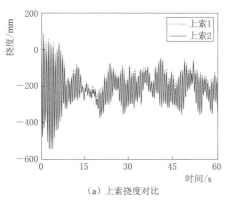

（a）上索挠度对比

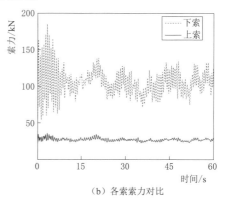

（b）各索索力对比

图 3 – 22（一）　风压工况下 50m 跨双层索系迎风排动力响应

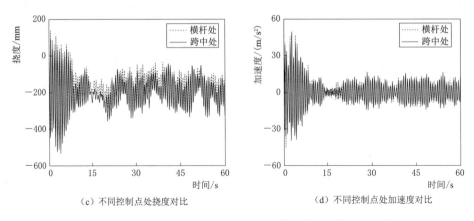

（c）不同控制点处挠度对比   （d）不同控制点处加速度对比

图 3 - 22（二） 风压工况下 50m 跨双层索系迎风排动力响应

　　图 3 - 23 所示为风压工况下前后两排支架（A 为第 1 排，B 为第 2 排）的动力响应对比。由于横向连接系的约束作用，第 2 排挠度响应小于第 1 排；前后两排支架结构的下层索索力均大于上层索，且第 1 排下层索索力略大于第 2 排下层索；第 2 排的上层索的除了自身扭转外还受到第 1 排的扭转影响，故其索力略大于第 2 排上层索。

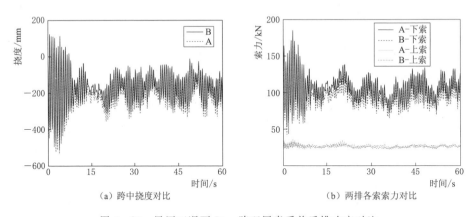

（a）跨中挠度对比   （b）两排各索索力对比

图 3 - 23 风压工况下 50m 跨双层索系前后排响应对比

　　在风压工况下，10 组不同风速时程对应的 50m 跨双层索系结构索力、挠度和加速度的最大值列于表 3 - 11 中。索力最大值平均为 163.81kN，挠度最大值平均为 467.05mm，加速度最大值平均为 47.18m/s²。与 20m 跨双层索系结构相比，50m 跨双层索系结构的索力增长了 19%，挠度增长了 216%，加速度增长了 282%，加速度和挠度明显增大。

表 3 - 11　　　　　风压工况下 50m 跨双层索系模型动力响应分析结果

风速时程序号	最大索力/kN	最大挠度/mm	最大加速度/(m/s²)
1	185.13	544.17	49.66
2	164.36	483.41	49.97
3	149.87	425.26	44.13
4	160.34	489.13	55.08
5	160.91	435.60	44.04
6	164.60	460.64	47.80
7	154.69	427.95	43.49
8	178.27	483.19	48.12
9	167.57	494.02	45.85
10	152.32	427.13	43.70
平均值	163.81	467.05	47.18

图 3 - 24 所示为风吸工况下 50m 跨双层索系模型在一组风速时程时的结构动力响应分析结果。可以看到，上层索的两根索挠度存在一定差别，

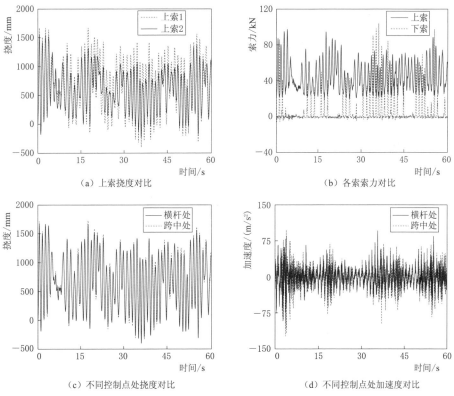

（a）上索挠度对比　　　（b）各索索力对比

（c）不同控制点处挠度对比　　　（d）不同控制点处加速度对比

图 3 - 24　风吸工况下 50m 跨双层索系动力响应

63

表明结构会出现扭转效应；下层索的索力变化幅度较大，会出现松弛现象，而在某些时刻下层索的索力甚至会高于上层索；上层索作为主要受力索，其索力值总体偏大，但索力变化幅度小于下层索。横向连接系和跨中处的挠度响应较为接近，但跨中处的加速度响应大于横向连接系处。

　　在风吸工况下，前后两排支架（A 为第 1 排，B 为第 2 排）的动力响应对比如图 3-25 所示。第 1 排跨中挠度响应、上层索和下层索的索力响应均远大于第 2 排的响应。由此表明，当双层索系结构跨度较大时，迎风排与其后排的支架结构动力响应存在较大的差别。

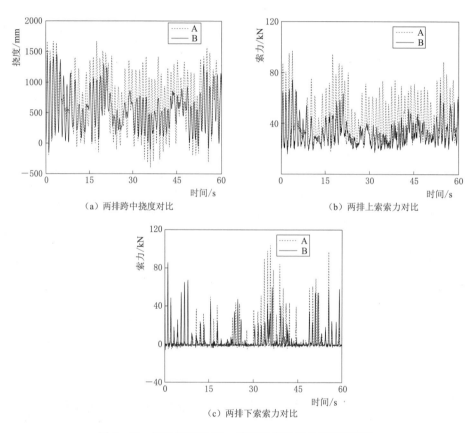

（a）两排跨中挠度对比　　　　　　　（b）两排上索索力对比

（c）两排下索索力对比

图 3-25　风吸工况下 50m 跨双层索系前后排响应对比

　　表 3-12 给出了风吸工况下 50m 跨双层索系结构对应 10 组不同风速时程的索力、挠度和加速度的最大值结果。从中可知，最大索力平均为 104.83kN，挠度为 1745.37mm，加速度为 152.84m/s²。与 20m 跨双层索系结构相比，索力增大了 56%，挠度增大了 238%，加速度增大了 37%。

在风吸工况下，50m 跨双层索系结构的跨中最大挠度发展较大，应该在结构设计中重点关注。

表 3-12 　 风吸工况下 50m 跨双层索系模型动力响应分析结果

模拟序号	最大索力/kN	最大挠度/mm	最大加速度/(m/s^2)
1	102.06	1730.78	193.15
2	111.38	1782.38	142.54
3	84.48	1494.90	100.93
4	105.82	1862.72	128.74
5	128.47	2029.00	198.27
6	91.90	1566.56	164.28
7	95.48	1667.38	124.63
8	112.88	1819.32	171.97
9	119.26	1837.92	162.38
10	96.59	1662.78	141.53
平均值	104.83	1745.37	152.84

图 3-2 所示的双层索系结构的横向连接系采用了上、下双横杆连接，即依靠两根横杆将前后两排支架结构进行连接。由于连接横杆与支架结构的连接节点难以做到刚接，实际上更接近于铰接节点，横向连接系往往难以对支架结构形成有效约束，在风吸工况下的计算分析结果表明，结构存在较为明显的扭转效应。因此考虑在上、下横杆之间增设一根斜杆，使横向连接系形成完整的桁架，提升其整体刚度，有效约束支架结构的扭转效应，布置情况如图 3-26 所示。

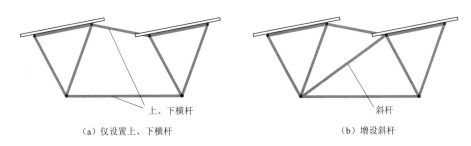

（a）仅设置上、下横杆　　　　　　　　　　（b）增设斜杆

图 3-26 　双层索系模型中的横向连接系杆件布置对比

以 50m 跨双层索系结构为对象，分别采用这两种不同的横向连接系杆

件布置情况，在风吸工况下开展动力响应分析。图 3 - 27 所示为 50m 跨双层索系模型有无斜杆时跨中挠度响应对比，B 排为迎风第 1 排、A 排为第 2 排，y、w 分别代表有、无斜杆。无斜杆时，A、B 两排的跨中挠度相差较大，表明其整体性较差；有斜杆时，前后两排的挠度响应几乎相同，且整体挠度响应减小。横向连接系增设斜杆可以各排支架结构之间的连接，提升了结构的整体性，从而降低了结构的挠度响应。

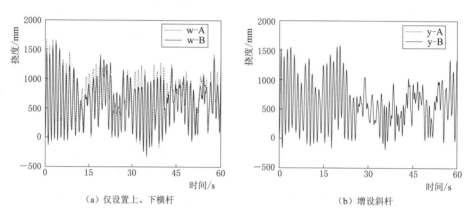

图 3 - 27　风吸工况下 50m 跨双层索系模型有无斜杆时跨中挠度响应对比

图 3 - 28 给出了 50m 跨双层索系模型有无斜杆时索力响应对比。在风吸工况下层索会发生松弛，上层索的索力响应较大，且无斜杆时上层索索力明显大于有斜杆时的索力。因此，在双层索系模型的横向连接系中增设斜杆后，结构挠度和索力在风吸工况下的响应明显减小，表明增设斜杆后可以提升支架结构的整体性。

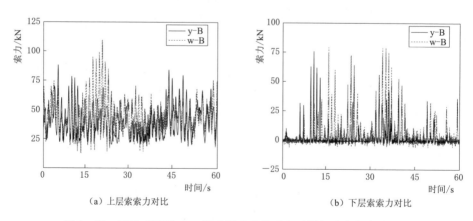

图 3 - 28　风吸工况下 50m 跨双层索系模型有无斜杆时索力响应对比

3.4　柔性光伏支架结构参数分析

3.4.1　结构跨度影响分析

1. 单层索系结构

分别建立跨度为 5~35m 的单层索系结构模型，对索体施加不同的预应力值，使得在永久荷载状态下结构的挠度接近 $L/150$ 的限值。考虑风吸和风压两种工况，分别采用有限元法和解析法计算不同跨度单层索系结构的索力和挠度值，相关计算结果见表 3-13 和表 3-14。根据计算结果可知，随着结构跨度增大，风吸和风压工况下挠度和索力都呈近似线性增长趋势，风压工况下的挠度和索力值均大于风吸工况下的计算结果，且解析法的计算结果与有限元分析的结果吻合较好。

表 3-13　不同跨度单层索系结构的索力计算结果（挠度限值 $L/150$）

跨度/m	索力/kN			
	风压工况		风吸工况	
	有限元法	解析法	有限元法	解析法
5	38.3	38.6	25.6	25.0
10	63.1	63.0	41.6	41.6
15	82.1	84.2	56.5	56.4
20	104.3	103.6	70.4	70.3
25	125.2	124.2	86.5	86.3
30	142.9	141.6	99.4	99.2
35	159.9	158.4	114.9	111.7

表 3-14　不同跨度单层索系结构的挠度计算结果（挠度限值 $L/150$）

跨度/m	挠度/mm			
	风压工况		风吸工况	
	有限元法	解析法	有限元法	解析法
5	85.2	84.6	58.2	57.9
10	197.0	205.5	136.5	136.4
15	344.4	343.8	223.4	223.2
20	494.6	494.0	315.2	315.1
25	637.5	637.0	392.0	392.1
30	801.3	801.8	488.5	488.4
35	972.4	972.9	587.0	586.9

对于跨度为 5～35m 的单层索系结构模型，索体均施加相同的 60kN 预拉力，计算风吸工况和风压工况下不同跨度结构的挠度和索力值，计算结果见表 3-15 和表 3-16。可以看到，风压工况下结构的挠度和索力值明显大于风吸工况下的结果，随着结构跨度的增大，挠度和索力随之增大。

表 3-15　不同跨度单层索系结构的索力计算结果（60kN 预拉力）

跨度/m	索力/kN			
	风压工况		风吸工况	
	有限元法	解析法	有限元法	解析法
5	68.8	69.0	62.4	62.4
10	84.2	84.1	68.1	68.1
15	97.1	99.1	75.0	75.0
20	113.7	113.3	82.3	82.2
25	127.3	126.6	89.5	89.3
30	140.1	139.2	96.5	96.3
35	152.4	151.3	103.4	103.1

表 3-16　不同跨度单层索系结构的挠度计算结果（60kN 预拉力）

跨度/m	索力/kN			
	风压工况		风吸工况	
	有限元法	解析法	有限元法	解析法
5	40.3	40.3	18.7	18.7
10	140.4	140.2	71.6	71.7
15	268.0	276.7	152.3	152.4
20	431.4	438.7	254.6	254.7
25	621.7	620.9	374.2	374.5
30	821.6	820.1	508.6	508.7
35	1036.0	1033.9	655.3	655.3

由单层索系模型的动力响应分析可知，风吸工况下结构的整体响应更为明显，故采用风吸工况计算跨度对结构动力响应的影响。以结构跨度为变量，对每个模型的索体施加相同的 60kN 预拉力，其动力响应计算结果如图 3-29 所示。由图可知，随着跨度的增大，索力和位移在风荷载作用下的动力响应也随之增大。当结构跨度小于 20m 时，挠度和索力变化幅度不大；当结构跨度大于 20m 时，索力和挠度的响应幅度明显增大。从加速

度时程也可以看出，当跨度小于 20m 时，结构的加速度响应较小，加速度值均在 30m/s² 以下；当跨度大于 20m 时，结构的加速度峰值明显增大，甚至超过 80m/s²，且随着跨度的增长，加速度的增长幅度逐渐变大。

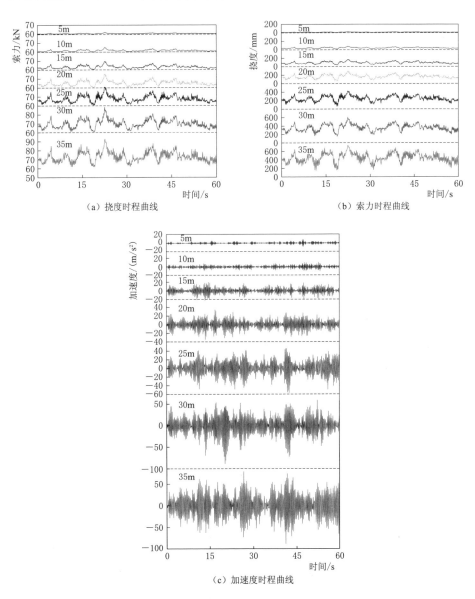

（a）挠度时程曲线　　　　　　　　（b）索力时程曲线

（c）加速度时程曲线

图 3-29　不同跨度单层索系结构动力响应（60kN 预拉力）

以跨度为变量，对每个单层索系模型的索体施加不同的预拉力，使得在永久荷载状态下结构的挠度接近 $L/150$ 的限值，计算分析得到的结构动力响应计算结果如图 3-30 所示。从中可以看到，随着跨度的增大，挠度和索力响应也随之增大，风荷载作用下的响应幅值也明显增大，当结构跨度小于 20m 时，索力和挠度的变化幅度增长不大，当结构跨度大于 20m 时，挠度响应明显增大。从加速度时程曲线可以看出，当结构跨度小于 20m 时，结构的加速度值在 50m/s² 以下；当跨度大于 20m 时，结构的加速度峰值明显增大，甚至超过 80m/s²，且随着跨度的增长，其增长幅度逐

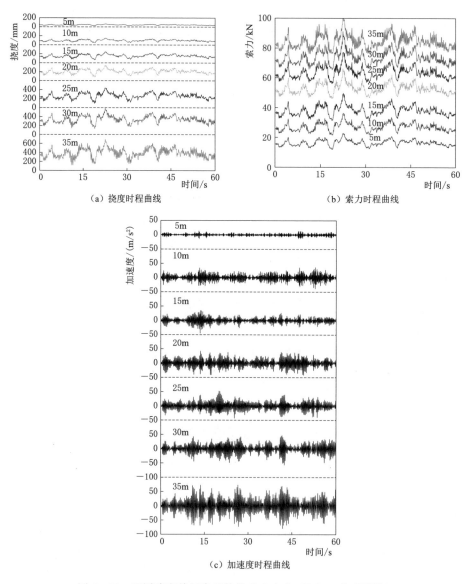

（a）挠度时程曲线　　（b）索力时程曲线

（c）加速度时程曲线

图 3-30　不同跨度单层索系结构动力响应（$L/150$ 挠度限值）

渐变大。因此，对于单层索系柔性光伏支架结构，不宜应用于跨度过大的场景，结构跨度一般不宜超过 20m，否则在风荷载作用下会产生较大风振响应，而且索力和挠度控制均存在较大困难。

2. 双层索系结构

以 5m 跨度为增量，建立跨度介于 20～50m 之间共 7 个双层索系柔性光伏支架模型，采用有限元法分析结构动力响应随跨度的变化，计算过程中未考虑脉动风相关性。对不同跨度结构的索体施加不同的预拉力，使其在永久荷载状态下，横向连接系处的挠度接近为零，各横向连接系之间的挠度限值为 $L/200$。图 3 - 31 所示为风吸工况下结构的动力响应分析结果。由分析结果可知：随着结构跨度增大，结构的挠度响应增大明显；随着跨度增大，上层索索力响应逐渐增大，当跨度大于 30m 时，上层索索力增大不明显；加速度随跨度的增大呈增大趋势，当结构跨度较大时，跨中的加速度响应非常显著。因此，对于双层索系柔性光伏支架结构，当跨度较大时，需要采取相应措施以减少结构的动力响应。

从单层和双层索系模型的分析结果可知：对于单层索系结构，当跨度大于 20m 时，结构的挠度、索力以及加速度均明显增大；对于双层索系结构，当跨度介于 25～50m 之间时，结构的挠度、索力以及加速度均处在比较合理的范围内。因此考虑实际工程应用的需求，对于单层索系柔性光伏支架结构，其单跨跨度不宜超过 25m；双层索系柔性光伏支架结构的单跨

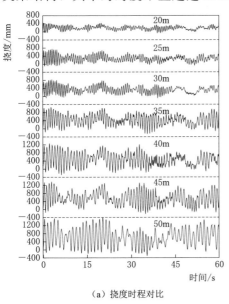

（a）挠度时程对比

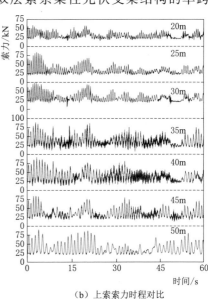

（b）上索索力时程对比

图 3 - 31（一） 不同跨度下结构响应对比

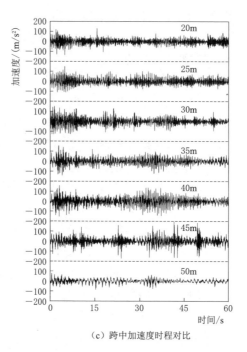

（c）跨中加速度时程对比

图 3-31（二） 不同跨度下结构响应对比

跨度不宜超过 60m。

3.4.2 结构挠度限值影响分析

1. 单层索系结构

对于单层索系结构模型，在永久荷载状态下分别取 5 个不同的结构挠度限值标准，即 $L/100$、$L/150$、$L/200$、$L/250$、$L/300$，依据这 5 个挠度限值，分别对结构索体（同一索径 15.2mm）施加不同的预拉力值，即 25kN、45kN、60kN、75kN、95kN。对结构进行静力计算分析，在 3 个不同荷载标准值下的计算结果如图 3-32 所示。可以看出，随着荷载标准值的增大，不同挠度限值下结构的最终挠度均有明显增大；随着挠度限值的提高，不同荷载标准值下结构的最终挠度随之减小；索力随挠度限值的提高显著增大。

对于不同索径的单层索系模型，同样根据不同的结构挠度限值标准对索体施加不同的预拉力，计算得到的索力-挠度关系绘制如图 3-33 所示。可以看到，随着挠度限值的提高，不同荷载标准值下结构的最终挠度随之减小；结构的最终挠度随索径的增大而减小，且随着挠度限值的提高，增大初始预拉力对控制结构最终索力和挠度的控制作用也逐渐减小。由图

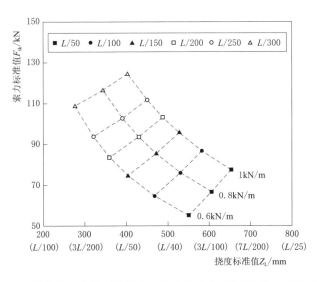

图 3-32　不同荷载标准值下单层索系结构的索力-挠度关系（索径 15.2mm）

3-34 可以看出，以 $L/200$ 的挠度限值进行结构设计时，在大小为 0.6kN/m 的标准荷载作用下索力刚好满足索力设计值的要求；采用 $L/150$ 作为挠度限值时，结构的最终挠度均可控制在 $L/40$ 以内，且荷载基本组合下不同索径结构的最终索力均小于相应的拉索抗拉力设计值，满足使用要求，故建议以 $L/150$ 作为永久荷载状态下结构的挠度限值。

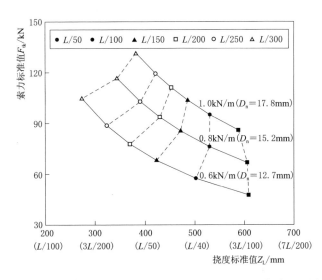

图 3-33　不同荷载标准值下单层索系结构的索力-挠度曲线（不同索径）

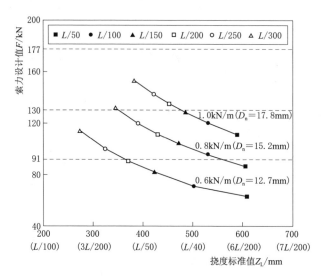

图 3 - 34 单层索系结构的索力设计值-挠度标准值曲线

在静力分析模型的基础上，进行风吸工况下的结构动力响应分析，计算结果如图 3-35 所示。与结构静力分析结果类似，随着挠度限值的提高，结构的挠度响应减小，索力响应增大；随着索体预拉力的增大，结构挠度与索力的变化幅度随之减小，当挠度控制标准达到 $L/150$ 后，再提高索体初始预拉力对结构挠度和索力响应的效果减弱；从加速度响应时程结果可以看出，挠度限值达到 $L/150$、$L/300$ 时对加速度的降幅效果比较明显，但考虑到张拉至 $L/300$ 时的综合代价较高，故综合考虑下建议采用 $L/150$ 作为柔性光伏支架结构永久荷载状态的挠度限值。

2. 双层索系结构

双层索系支架结构在永久荷载状态下，通过调节下层索的初始预拉

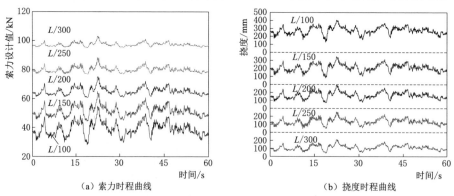

（a）索力时程曲线　　　　　　　（b）挠度时程曲线

图 3 - 35 （一） 不同挠度限值下单层索系结构动力响应

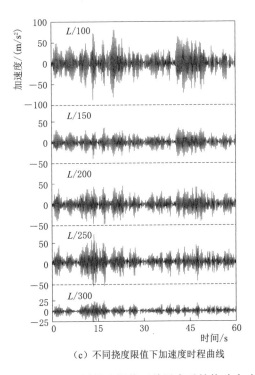

（c）不同挠度限值下加速度时程曲线

图 3-35（二） 不同挠度限值下单层索系结构动力响应

力，使各横向连接系位置的挠度接近为 0，再设置上层索的预拉力，控制横向连接系之间的上层索挠度发展，结构的挠度控制点示意如图 3-36 所示。各横向连接系之间的上层索类似于单层索系，其挠度限值参照单层索系结构，取横向连接系之间跨中挠度限值为 $L_h/150$，L_h 为上层索跨度，取为相邻横向连接系的间距。3.4.1 小节针对不同跨度的双层索系结构的分析结果表明了该挠度限值的合理性。

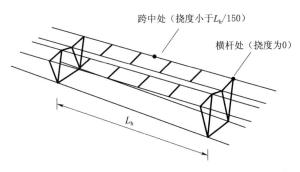

图 3-36 永久荷载状态下双层索系结构挠度控制点示意图

3.4.3 稳定索影响分析

1. 单层索系结构

当单层索系结构跨度较大时，可以通过设置稳定索或增大索径来减小结构在风荷载作用下的动力响应。建立 20m 跨单层索系结构模型，对索体施加 60kN 的初始预拉力，分别采取增大索径到 21.6mm 和布置稳定索这两种方式，计算分析结构在风吸和风压两种工况下的响应。对稳定索施加 10kN 预拉力，使稳定索在工作状态下不发生松弛，稳定索的布置如图 3-37 所示。由于在结构跨中位置布置了稳定索，在风吸工况下结构最大挠度和最大加速度响应出现在 $L/4$ 或 $3L/4$ 位置，而在风压工况下，结构最大挠度和最大加速度响应出现在跨中位置。因此，对于布置稳定索的结构模型，在风吸工况下提取其 $L/4$ 位置的挠度和加速度响应时程，在风压工况下提取其跨中的挠度和加速度响应时程。风吸和风压两种工况下的计算分析结果分别绘制于图 3-38 和图 3-39 中。

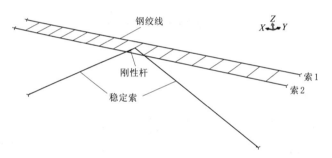

图 3-37 单层索系结构稳定索布置

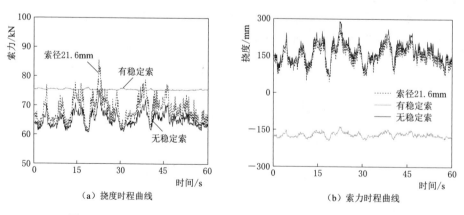

（a）挠度时程曲线

（b）索力时程曲线

图 3-38（一） 风吸工况下单层索系结构有无稳定索的响应时程

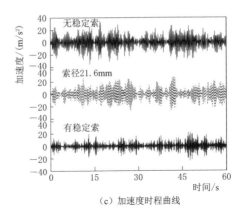

（c）加速度时程曲线

图 3-38（二）　风吸工况下单层索系结构有无稳定索的响应时程

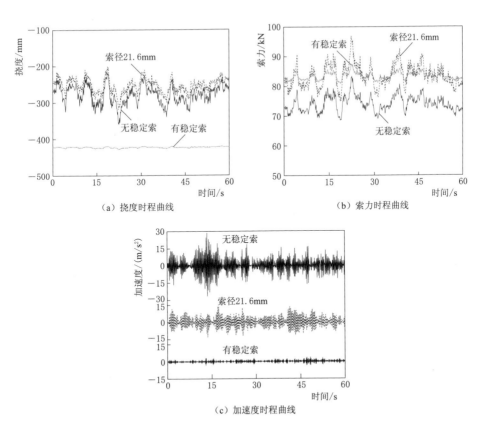

（a）挠度时程曲线

（b）索力时程曲线

（c）加速度时程曲线

图 3-39　风压工况下单层索系结构有无稳定索的响应时程

在风吸工况下，增大索径后，挠度和加速度响应有一定程度的减小，但索力随索径的增大有较大幅度的增长；布置稳定索后，挠度和加速度响应明显减小，索力的平均响应有一定程度的增大，但其变化幅度明显减小。在风压工况下，由于稳定索的张拉作用，结构挠度和索力的平均响应增大，但加速度响应明显减小。因此，针对跨度较大的单层索系光伏支架结构可以通过合理布置稳定索，有效减小结构的风振响应。

2. 双层索系结构

类似地，对于双层索系结构，分别采用增大上层索索径到 21.6mm 和布置稳定索这两种方式，对结构在风吸工况下的动力响应进行分析。稳定索的布置情况如图 3-40 所示，稳定索采用直径为 15.2mm 的钢绞线，且施加 10kN 的初始预拉力。

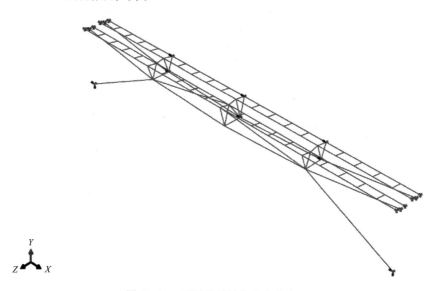

图 3-40 双层索系结构稳定索布置

图 3-41 为结构在风吸工况下的动力响应分析结果。由图可知，增加上层索索径和布置稳定索均能减小双层索系柔性光伏支架在风吸工况下的挠度响应，但布置稳定索对挠度的控制作用更为明显；增大上层索索径后，上层索和下层索索力相比未增大时有着明显增大，布置稳定索后上层索索力明显减小，且由于稳定索的张拉作用，下层索在风吸时并未达到松弛状态，并处于索力设计值范围内；上层索索径增大后结构加速度响应更为明显，而布置稳定索则可使结构跨中加速度响应有一定程度的降低。综上可知，稳定索与横向连接系一起可以组成双层索系柔性支架结构的抗风

体系，合理布置稳定索可以有效减小在风吸工况下的结构动力响应。

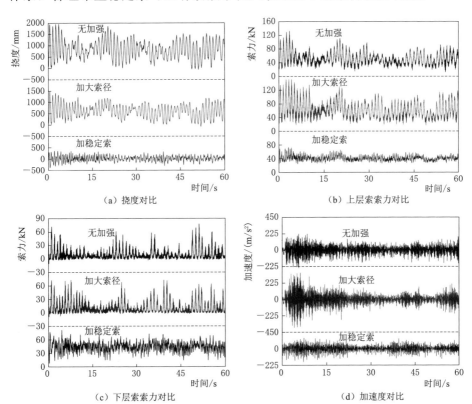

图 3-41 风吸工况下双层索系结构有无稳定索的响应时程

参 考 文 献

［1］ Ren W X，Peng X L. Baseline finite element modeling of a large span cable-stayed bridge through field ambient vibration tests ［J］. Computers & Structures，2005，83（8-9）：536-550.

［2］ 陈幼平，周宏业. 斜拉桥的动力分析模型 ［J］. 中国铁道科学，1995（1）：78-89.

［3］ 中华人民共和国国家质量监督检验检疫总局，中国国家标准化管理委员会. 预应力混凝土用钢绞线：GB/T 5224—2014 ［S］. 北京：中国标准出版社，2014.

［4］ 中华人民共和国住房和城乡建设部. 索结构技术规程：JGJ 257—2012 ［S］. 北京：中国建筑工业出版社，2012.

［5］ 中华人民共和国住房和城乡建设部，中华人民共和国国家质量监督检验检疫总局. 建筑结构荷载规范：GB 50009—2012 ［S］. 北京：中国建筑工业出版社，2012.

［6］ 国家能源局. 光伏支架结构设计规程：NB/T 10115—2018 ［S］. 北京：中国计划出

版社，2018.

[7] 杨波. 随机脉动风场的数值模拟 [D]. 兰州：兰州大学，2016.

[8] 马骏，周岱，李磊，等. 风时程模拟的高效高精度混合法 [J]. 工程力学，2009，26（02）：53-59+77.

[9] Davenport A G. The spectrum of horizontal gustiness near the ground in high winds [J]. Quarterly Journal of the Royal Meteorological Society，1961，87（372）：194-211.

[10] 王卫华. 结构风荷载理论与 Matlab 计算 [M]. 北京：国防工业出版社，2018.

[11] Davenport A G. The dependence of wind loads on meteorological parameters [C] // Proceedings International Research Seminar "Wind effects on buildings and structures" Ottawa，11-15 September，1967，1：19-82.

[12] Shiotani M，Iwatani Y，Kuroha K. Magnitudes and horizontal correlations of vertical velocities in high winds [J]. Journal of the Meteorological Society of Japan. Ser. II，1978，56（1）：35-42.

[13] 黄本才，王国砚，林颖儒，等. 体育场屋盖结构静动力风荷载实用分析方法 [J]. 空间结构，2000，6（3）：33-39.

[14] 陈贤川. 大跨度屋盖结构风致响应和等效风荷载的理论研究及应用 [D]. 杭州：浙江大学，2005.

[15] 杨庆山，沈世钊. 悬索结构随机风振反应分析 [J]. 建筑结构学报，1998（4）：29-39.

[16] 吴肖波. 悬索桥缆索系统风致内共振研究 [D]. 长沙：湖南大学，2015.

[17] 曹资，薛素铎，王雪生，等. 空间结构抗震分析中的地震波选取与阻尼比取值 [J]. 空间结构，2008（3）：3-8.

第4章

柔性光伏支架风荷载体型 系数分析

4.1 风场模拟计算

4.1.1 模拟计算条件

采用 FLUENT 有限元分析软件分别对单块光伏组件及柔性光伏支架结构上的光伏组件阵列进行全尺度流场模拟。单块光伏组件长度、宽度和厚度尺寸分别取为 2.256m、1.133m 和 0.035m。全尺度流场模型及其边界条件如图 4-1 所示。取入口边界条件为速度入口条件（Velocity-inlet），来流平均风速为 20m/s；出口边界条件为完全发展出流边界条件（Outflow），确保所有变量在垂直于出口的变化梯度为 0。计算域两侧采用对称边界条件（Symmetry），相当于自由滑移的壁面，阻塞率为 0.9%，满足总体阻塞率小于 3% 的设置要求[1]，同时也满足《建筑工程风洞试验方法标准》（JGJ/T 338—2014）中阻塞率宜小于 5% 的规定[2]。光伏组件表面和计算域底部采用无滑移的壁面条件（No Slip Wall），即壁面

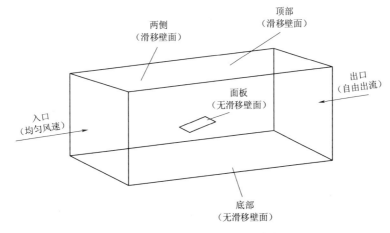

图 4-1 流场模型及其边界条件

处的流动速度恒为 0，保持与流体相对静止。计算域顶部采用特定剪切的壁面条件（Specified Shear Wall），各个方向的剪切应力取 0，相当于滑移壁面条件。

湍流模型选用精度更高的 Realizable k -ε 结合增强型壁面函数[3]，空气模型选用理想的不可压缩空气模型，空气密度取为 1.225kg/m³，流场中速度和压力采用 SIMPLE 算法进行耦合，计算中各个物理量的收敛标准为 10^{-3}。

为保证风场模拟的准确性，避免流域边界对风场产生影响，计算域高度应超过模型高度的 7 倍，其宽度应超过模型宽度的 4～8 倍，出口边界到模型的距离应超过模型高度的 15 倍[4]。为了使流动域内的流场充分发展，对光伏组件各方向的流动域进行延伸，计算域尺寸示意如图 4 - 2 所示，各个方向具体尺寸为：宽度方向左右分别取 8.7H，高度方向取 10H，计算域上游长度方向取 8H，下游长度方向取 15H，H 为光伏组件在竖向的投影高度。流场网格划分采用四面体单元，对光伏组件与流场接触处网格进行加密，最小网格尺寸设为 0.06m，最大网格尺寸为 0.2m，计算网格总体数量约为 112 万个，网格划分情况如图 4 - 3 所示。

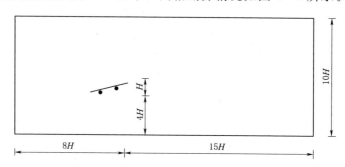

图 4 - 2　计算域尺寸示意图

风场中各点净风压系数 C_{pi} 可按式（4 - 1）计算，即

$$C_{pi} = \frac{p_u - p_b}{\frac{1}{2}\rho v_H^2} \tag{4 - 1}$$

式中　p_u、p_b——光伏组件上、下表面风压；

　　　　v_H——参考高度速度；

　　　　ρ——空气密度，取为 1.225kg/m³。

通过数值模拟得到风压系数除以风压高度变化系数即可得到风荷载体型系数，体型系数按式（4 - 2）计算，即

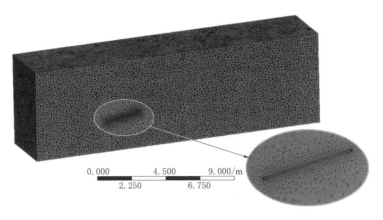

图 4 - 3　流场网格划分情况

$$\mu_{si} = C_{pi} \frac{\mu_{zr}}{\mu_{zi}} \qquad (4-2)$$

$$\mu_s = \frac{\sum_i \mu_{si} A_i}{A} \qquad (4-3)$$

式中　μ_{si}——i 点的风荷载体型系数；

　　　μ_s——总体风荷载体型系数；

　　　C_{pi}——i 点的净风压系数；

μ_{zi}、μ_{zr}——i 点和参考高度处的风压高度变化系数，根据《建筑结构荷载规范》（GB 50009—2012）的规定，低于 10m 的 B 类地貌高度系数均为 1.0；

　　　A_i——i 点对应的面积，常取投影面积；

　　　A——相应面的投影面积。

4.1.2　风场模拟结果分析

由于柔性光伏支架结构中光伏组件的倾角较小，且高度较低，故不考虑风速和湍流参数在高度方向上的变化。取来流平均风速为 20m/s，湍流强度为 5%，湍流计算模型为 Realizable k-ε 湍流模型，不考虑地形变化，风场计算结果如图 4 - 4 所示。可以看到，来流风受到光伏组件的阻挡作用，光伏组件下表面处风速减小，风速小于 10m/s，气流方向受到光伏组件的阻挡作用发生改变，并在组件下表面下方形成涡流，使光伏组件下表面处形成负压。光伏组件上表面处的气流对组件产生向下的压力，因此使得 0°风向角（风压工况）下光伏组件表面受到向下的合力。

实际工程中光伏阵列的布置往往受到地形影响，因此需要考虑复杂地

（a）平面风速矢量图

（b）剖面压力云图

（c）光伏组件表面绕流流线

图4-4 单块光伏组件风场计算结果（0°风向角）

形下风场的分布情况。依托某实际分布式光伏电站工程，建立渠道地形计算模型如图4-5所示。计算域的长、宽、高尺寸分别为2000m、750m和100m，河流渠道宽度和深度分别为50m和10m，河流渠道贯穿整个计算域，场地中的三座桥梁均简化为长、宽、高分别为50m、10m和2m的长方体。计算域的阻塞比小于3%，满足限值要求。入口边界条件为速度入口条件，来流平均风速为22m/s，出口边界条件为完全发展出流边界条件，顶部与两侧壁面为滑移壁面，桥面与地面为无滑移地面。采用四面体单元进行网格划分，最小网格尺寸为1m，最大网格尺寸为8m，计算网格总体数量约为130万个。

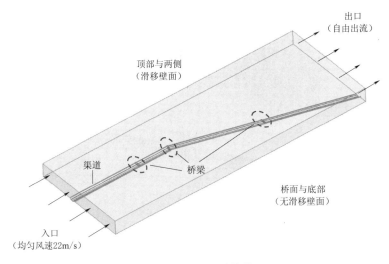

图 4-5 渠道地形计算模型

渠道地形风场的计算结果如图 4-6 所示。当气流未达到桥梁时，气流风速为 22.4m/s，当气流到达桥梁后，受到桥梁的阻挡作用气流流向发生改变，且沿行走方向在桥梁附近出现绕流现象。桥梁前方局部风速增大至 23.3m/s，桥梁后方区域的风速明显减小，风速降低至 4.3m/s。由于桥梁后方风速远小于其他区域，使得桥梁后方区域出现负压区，也导致后方地面表面的压强减小。

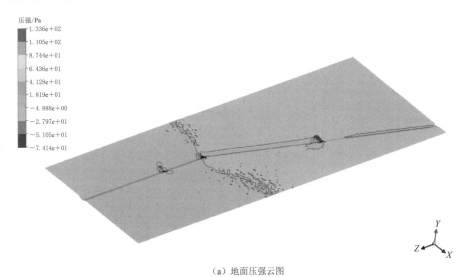

（a）地面压强云图

图 4-6（一） 渠道地形风场计算结果

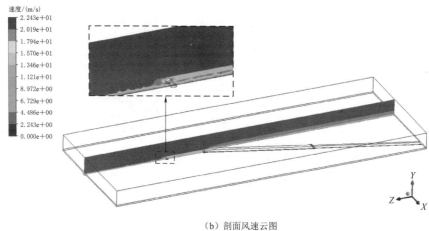

（b）剖面风速云图

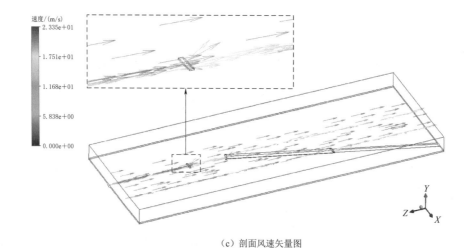

（c）剖面风速矢量图

图 4-6（二） 渠道地形风场计算结果

4.2 风荷载体型系数分析

4.2.1 体系系数计算结果

1. 不同风向角

以 30°为间隔，分别计算不同风向角（0°～180°）下光伏组件在不同倾角下（10°和 15°）表面风压的分布情况，入口处风速设为 20m/s，净风压计算情况见表 4-1。从中可以看到净风压系数沿风向角方向呈梯度变化，且迎风端净风压系数最大，离迎风端越远的净风压系数越小。

表 4-1　　　　　不同风向角光伏组件不同倾角时的净风压分布

风向角	净 风 压 系 数	
	10°	15°
0° ↑		
30° ↗		
60° ↗		

续表

风向角	净风压系数	
	10°	15°
120°		
150°		
180°		

对光伏组件上的净风压系数取平均值，不同倾角光伏组件表面的净风压系数随风向角的变化如图4-7所示。可以看到，不同倾角组件净风压系数最大值出现在30°和150°风向角处，90°风向角时组件的净风压系数接近于0，随着组件倾角的增大，组件净风压系数也随之增大。

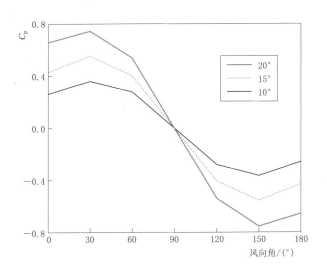

图4-7 不同风向角下不同倾角光伏组件净风压值

2. 光伏组件倾角影响

针对柔性光伏支架结构中组件的小倾角情况，以5°为间隔，分别计算倾角为10°~20°的光伏组件在风压（0°风向角）和风吸（180°风向角）两类工况下表面风荷载的分布情况，计算得到的光伏组件风压系数等值线见表4-2~表4-4。

从计算结果可以看出，当光伏组件倾角为10°时，在风吸和风压两种工况下，光伏组件上的净风压系数都较小，风压系数最小绝对值为0.2，最大绝对值为1.6，单块光伏组件的平均净风压系数绝对值为0.26。净风压系数绝对值在迎风端较大，且顺风方向的风压系数逐渐减小，呈现出明显的梯度分布，具有渐变性，随着光伏组件倾角的增大，光伏组件上平均净风压系数绝对值也逐渐增大。倾角为15°时，光伏组件净风压系数绝对值最小值为0.2，风压系数绝对值最大值为2.8，单块光伏组件的平均净风压系数绝对值为0.43。倾角为20°时，光伏组件净风压系数最小绝对值为0.2，风压系数最大绝对值为1.6，单块光伏组件的平均净风压系数绝对值为0.66。

表 4 - 2   倾角 $10°$ 光伏组件表面 C_p 等值线

风向角	上表面风压系数	下表面风压系数	净风压系数
$\alpha=0°$ ⬆ 来流方向			
$\alpha=180°$ ⬇ 来流方向			

表 4 - 3   倾角 $15°$ 光伏组件表面 C_p 等值线

风向角	上表面风压系数	下表面风压系数	净风压系数
$\alpha=0°$ ⬆ 来流方向			

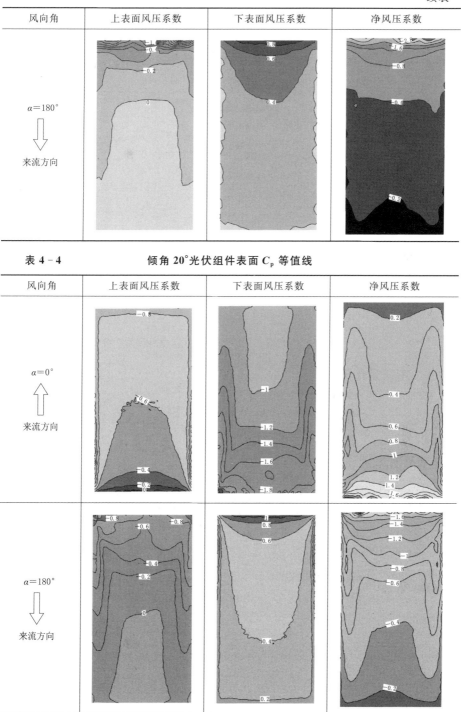

续表

风向角	上表面风压系数	下表面风压系数	净风压系数
$\alpha=180°$ 来流方向			

表 4-4　　倾角 20°光伏组件表面 C_p 等值线

风向角	上表面风压系数	下表面风压系数	净风压系数
$\alpha=0°$ 来流方向			
$\alpha=180°$ 来流方向			

将光伏组件上的净风压系数沿光伏组件宽度方向进行加权平均,计算得到不同倾角下沿其长度方向分布的净风压系数,如图4-8所示。随着倾角的增大,光伏组件表面净风压系数均值随之增大,迎风端风压系数梯度变化随倾角的增大而减小。

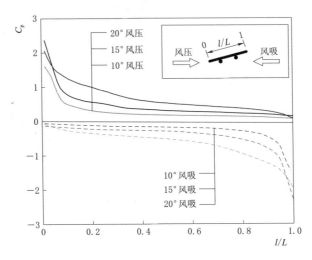

图4-8 不同倾角沿光伏组件长度方向净风压系数分布

4.2.2 不同光伏阵列布置分析

为研究光伏阵列布置对不同位置光伏组件表面风荷载体型系数的折减效应,建立8行26列光伏组件阵列模型,光伏组件倾角为10°,光伏阵列行间距3.22m,列间距0.01m,通过数值模拟得到0°和180°风向角下的风压系数分布结果分别如图4-9和图4-10所示。

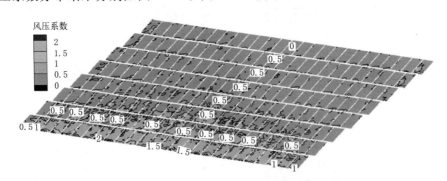

图4-9 风向角0°时光伏阵列风压系数分布

可以看出,当风向角为0°和180°时,迎风首排光伏组件的风荷载体型系数最大,且在迎风端呈现明显的梯度分布,具有渐变性,后续排光伏组

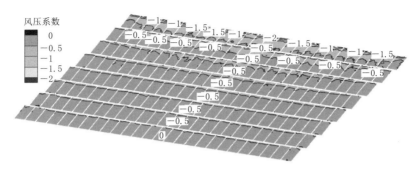

图 4 - 10　风向角 180°时光伏阵列风压系数分布

件由于受到前排光伏组件的阻挡作用，体型系数明显减小。在风吸与风压两种工况下，光伏阵列中间区域的光伏组件体型系数都较大，两侧组件的体型系数较小。由风压系数分布图可以看出，两侧第 1 列和第 3 排以后的外围区域光伏组件体型系数远小于中间区域的光伏组件体型系数，且外围区域体型系数沿风向方向并没有明显的梯度分布，表面风压分布较均匀，因此可考虑对外围区域体型系数进行折减。

4.2.3　风洞试验结果汇总及比较分析

　　国内外学者针对光伏组件表面风荷载的分布情况进行了大量风洞试验和数值模拟研究，主要研究方法和研究结果见表 4 - 5。由汇总的研究成果可知，光伏组件表面风向角呈现出沿风向梯度递减的规律；随着光伏组件倾角的增大，其表面体型系数也增大；对于倾角较小的光伏组件，其表面风荷载体型系数也较小；前排光伏组件对后排光伏组件有阻挡作用，位于光伏阵列外部的组件表面体型系数更大。

表 4 - 5　　　　　　　　国内外风洞试验主要研究结果汇总

学　者	研究方法	研　究　成　果
高亮等[5]	风洞试验、有限元方法	发现倾角对光伏组件受风荷载的影响远大于间距对其的影响，且光伏方阵中第一排所受风荷载最大
马文勇等[6]	风洞试验	发现上游光伏组件对下游组件有明显的干扰效应，且光伏组件表面风荷载分布不均匀，提出风荷载不均匀分布模型
杜航等[7]	风洞试验、有限元方法	风向角、倾角对光伏组件表面的风压分布影响显著，沿来流方向呈现出梯度分布规律且绝对值递减的规律，使光伏组件承受力矩作用
Kopp G A[8]	风洞试验	分析了倾角对屋顶光伏组件的影响，发现当光伏组件倾角小于10°时，风压系数随着倾角的增大而增大，倾角大于10°时，风荷载与倾斜角的关系不大

学　者	研究方法	研　究　成　果
Cao J X 等[9]	风洞试验	单块光伏组件受风吸荷载的影响更大，随着组件倾角和组件间距的增大，风吸力也随之增大
Shademan M 等[10]	有限元方法	研究了不同参数对组件表面体型系数的影响，发现在0°和180°风向角下组件表面风荷载最大，且调整组件纵向间距可以显著降低风吸力
Jubayer C M, Hangan H[11]	有限元方法	计算了光伏组件的阻力系数、升力系数和倾覆力矩系数，发现光伏组件最大弯曲力矩出现在180°风向角
Warsido W P 等[12]	风洞试验	随着光伏组件纵向间距的增加，组件表面的风荷载呈增大趋势；前排光伏组件对后排有阻挡效应；与阵列内部光伏组件相比，阵列外部的光伏组件表面的风荷载更大

由于光伏组件表面风荷载呈不均匀分布，因此提出采用阶梯分布的模型，这种取值方式可以考虑风压不均匀分布引起的倾覆弯矩，更符合实际风荷载作用的情况。综合比较现有的研究结果以及参考 NB/T 10115[13] 中的相关取值，针对倾角范围在 0°～25°的光伏组件，提出了风荷载体型系数分布模型和建议取值，见表 4-6。同时，考虑阵列中前排光伏组件对后排的阻挡作用，当阵列数大于 7 行时，可对第 3 行以后的体型系数进行折减，折减系数可取 0.8。

表 4-6　　　　　　　　　风 荷 载 体 型 系 数 表

体　型	体型系数	α					
		0°	5°	10°	15°	20°	25°
	μ_{s1}	0.3	0.5	0.8	1.0	1.1	1.2
	μ_{s2}	0.1	0.1	0.2	0.4	0.5	0.5
	μ_{s3}	−0.7	−1.0	−1.0	−1.1	−1.2	−1.3
	μ_{s4}	−0.1	−0.3	−0.4	−0.5	−0.6	−0.6

注　1. 其中正值表示风压，负值表示风吸。
　　2. 中间值按线性插值法计算。
　　3. 当光伏组件阵列布置，阵列数大于 7 行时，可对第 3 行以后的体型系数进行折减，折减系数可取 0.8。

参　考　文　献

[1]　许伟. 大气边界层风洞中风场的数值模拟 [D]. 哈尔滨：哈尔滨工业大学，2007.

［2］ 中华人民共和国住房和城乡建设部. 建筑工程风洞试验方法标准：JGJ/T 338—2014［S］. 北京：中国建筑工业出版社，2012.

［3］ 刘若斐，沈国辉，孙炳楠. 大型冷却塔风荷载的数值模拟研究［J］. 工程力学，2006，23（z1）：177－183.

［4］ 刘青. 大型外浮顶钢储罐的风压分布、风致屈曲和储液晃动［D］. 杭州：浙江大学，2022.

［5］ 高亮，窦珍珍，白桦，等. 光伏组件风荷载影响因素分析［J］. 太阳能学报，2016，37（8）：1931－1937.

［6］ 马文勇，马成成，王彩玉，等. 光伏阵列风荷载干扰效应风洞试验研究［J］. 实验流体力学，2021，35（4）：19－25.

［7］ 杜航，徐海巍，张跃龙，等. 大跨柔性光伏支架结构风压特性及风振响应［J］. 哈尔滨工业大学学报，2022，5 4（10）：67－74.

［8］ Kopp G A. Wind loads on low－profile，tilted，solar arrays placed on large，flat，low－rise building roofs［J］. Journal of Structural Engineering，2014，140（2）：1－10.

［9］ Cao J X，Yoshida A，Saha P K，et al. Wind loading characteristics of solar arrays mounted on flat roofs［J］. Journal of Wind Engineering and Industrial Aerodynamic，2013，123（4）：214－225.

［10］ Shademan M，Barron RM，Balachandar R，et al. Numerical simulation of wind loading on ground mounted solar panels at different flow configurations［J］. Canadian Journal of Civil Engineering，2014，41（8）：728－738.

［11］ Jubayer C M，Hangan H. Numerical simulation of wind effects on a stand－alone ground mounted photovoltaic（PV）system［J］. Journal of Wind Engineering and Industrial Aerodynamics，2014，134：56－64.

［12］ Warsido W P，Bitsuamlak G T，Barata J，et al. Influence of spacing parameters on the wind loading of solar array［J］. Journal of Fluids and Structures，2014，48：295－315.

［13］ 国家能源局. 光伏支架结构设计规程：NB/T 10115—2018［S］. 北京：中国计划出版社，2019.

第 5 章

柔性光伏支架结构风振系数研究

5.1 单层索系柔性光伏支架结构风振系数分析

5.1.1 单层索系模型

采用 ABAQUS 通用有限元分析软件建立单层索系柔性光伏支架结构的数值模型,如图 5-1 所示。分别对拉索两端的 x、y、z 向平动和 x 向转动自由度进行约束,以模拟横梁、立柱以及斜拉杆等组成的支承结构对柔性拉索的约束作用,同时采用刚性杆连接两根柔性拉索,从而模拟光伏组件对两根拉索所产生的连接作用。选用 1×7 无黏结预应力热镀锌钢绞线作为承重索,抗拉强度 $R_{\rm m}=1860{\rm MPa}$,弹性模量 $E=1.95×10^5{\rm MPa}$,泊松比 $\nu=0.3$。采用 B31 梁单元对索体进行网格划分,选取不同网格尺寸进行试算分析,以便实现计算准确性和效率的平衡,最终确定网格尺寸取为 1000mm。为了模拟光伏组件对索体的连接作用,采用直径为 40mm 的刚性杆连接两根平行的拉索,且刚性杆间隔 2m 布置。

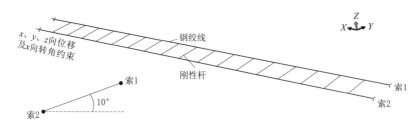

图 5-1 单层索系结构有限元模型及边界条件

对柔性索施加自重荷载和预拉力,忽略刚性杆自重,将光伏组件的自重转换为线荷载施加在柔性索上。通过 MATLAB 编程模拟脉动风并输出风压时程,基本风压 $w_0=0.31{\rm kN/m^2}$(武汉市 25 年一遇基本风压),经过换算且以线荷载的形式施加到承重索上,在风压工况下还需将雪荷载经过换算以线荷载的方式施加到承重索上。由于风吸工况下雪荷载为有利荷载,故该工况下不考虑雪荷载的作用。

采用阵风荷载因子法[1]对单层索系柔性光伏支架结构风振系数进行计算。该方法最早由 Davenport 提出,是结构等效静力风荷载的基本计算方法,其中阵风因子反映了脉动风对结构响应的放大作用。

风振系数是指风荷载总响应与平均风响应的比值,其中风荷载总响应包含脉动风与平均风的响应,风振系数 β_z 可按下式计算,即

$$\beta_z = \frac{Y_s + Y_d}{Y_s} = 1 + \frac{Y_d}{Y_s} = 1 + \frac{g \times \sigma_i}{Y_s} \tag{5-1}$$

式中 Y_s——平均风引起的响应;

       Y_d——脉动风引起的响应,为了统计分析脉动响应,Y_d 通常取为 $g \times \sigma_i$,g 为对应的峰值因子,取为 3.0[2];

       σ_i——脉动风位移响应的均方差。

由于索的自重与初始预拉力会使支架结构产生一定的变形,因此在计算风振系数时,为了仅考虑风荷载的作用效应,需扣除结构自重及初始预拉力产生的变形和索力。对于单层索系柔性光伏支架结构,跨中处的位移响应最大,支座处的索力响应最大,因此位移风振系数取为结构跨中处脉动风与平均风响应的比值,而索力风振系数取为索1与索2支座处索力的脉动风与平均风响应比值的较大值。

5.1.2 风荷载影响分析

为了得到风荷载大小对风振系数的影响,在 $L/150$ 的挠度限值控制标准下,计算风吸工况下 20m 跨单层索系结构受不同风荷载时的风振系数。对十组随机风速时程下的结构风振响应进行分析,计算结果见表5-1。可以看到,随着风荷载的增大,结构的索力风振系数和位移风振系数随之减小。在不同风荷载作用下,结构的位移风振系数在 1.2~1.5 区间内变化,而且风荷载的大小对结构风振系数没有呈现出明显的影响规律。

表 5-1   不同风荷载下单层索系模型的风振系数

风速时程	0.35kN/m²		0.50kN/m²		0.75kN/m²	
	索力风振系数 β_{z1}	位移风振系数 β_{z2}	索力风振系数 β_{z1}	位移风振系数 β_{z2}	索力风振系数 β_{z1}	位移风振系数 β_{z2}
1	3.42	1.47	2.29	1.34	1.80	1.26
2	3.11	1.42	2.33	1.39	1.79	1.26
3	3.24	1.49	2.03	1.31	1.95	1.34

续表

风速时程	0.35kN/m²		0.50kN/m²		0.75kN/m²	
	索力风振系数 β_{z1}	位移风振系数 β_{z2}	索力风振系数 β_{z1}	位移风振系数 β_{z2}	索力风振系数 β_{z1}	位移风振系数 β_{z2}
4	3.35	1.41	2.50	1.39	2.17	1.41
5	3.96	1.60	2.27	1.43	1.88	1.29
6	3.36	1.46	2.55	1.43	1.88	1.30
7	2.76	1.36	2.36	1.38	1.80	1.27
8	2.99	1.48	2.59	1.43	1.85	1.28
9	3.37	1.49	2.24	1.35	1.97	1.35
10	3.30	1.49	2.25	1.39	1.80	1.28
平均	3.29	1.47	2.34	1.38	1.89	1.30

5.1.3 荷载工况影响分析

同样取 $L/150$ 作为支架结构的挠度限值，在风吸、风压无雪和风压有雪三种工况下分别计算 20m 跨度单层索系结构的风振系数。雪荷载取武汉市 25 年一遇基本雪压，$w_0 = 0.38\text{kN/m}^2$。三种不同工况下的风振系数计算结果见表 5-2。从表中的数据可以看出，风吸工况和风压无雪工况下的位移风振系数比较接近，位移风振系数为 1.4～1.6，风吸工况下索力风振系数为 2.7～4.0，风压无雪工况下索力风振系数为 1.5～1.9。在风压有雪工况下，索力风振系数和位移风振系数数值比较接近，均为 1.1～1.3，远小于风吸和风压无雪工况下的风振系数。

表 5-2　　　　　　　不同荷载工况下单层索系模型的风振系数

模拟序号	风 吸		风压无雪		风压有雪	
	索力风振系数 β_{z1}	位移风振系数 β_{z2}	索力风振系数 β_{z1}	位移风振系数 β_{z2}	索力风振系数 β_{z1}	位移风振系数 β_{z2}
1	3.42	1.47	1.69	1.48	1.32	1.21
2	3.11	1.42	1.60	1.42	1.28	1.18
3	3.24	1.49	1.67	1.48	1.31	1.20
4	3.35	1.41	1.65	1.43	1.30	1.19
5	3.96	1.60	1.86	1.60	1.16	1.26
6	3.36	1.46	1.68	1.47	1.13	1.20
7	2.76	1.36	1.51	1.36	1.10	1.15

模拟序号	风 吸		风压无雪		风压有雪	
	索力风振系数 β_{z1}	位移风振系数 β_{z2}	索力风振系数 β_{z1}	位移风振系数 β_{z2}	索力风振系数 β_{z1}	位移风振系数 β_{z2}
8	2.99	1.48	1.56	1.38	1.10	1.16
9	3.37	1.49	1.69	1.48	1.13	1.21
10	3.30	1.49	1.68	1.48	1.13	1.20
平均	3.29	1.47	1.66	1.46	1.20	1.20

5.1.4 挠度限值影响分析

为了同时满足索在夏季高温和冬季低温环境下的要求，对索在 $L/100$、$L/150$ 和 $L/200$ 的挠度限值控制标准下分别施加不同的预拉力，并计算不同挠度限值下的风振系数，在风吸工况下单层索系支架结构的风振系数计算结果见表 5-3。在 $L/100$ 挠度限值下索力风振系数为 $2.5\sim3.2$，位移风振系数为 $1.2\sim1.5$；在 $L/150$ 挠度限值下索力风振系数为 $2.7\sim3.5$，位移风振系数为 $1.3\sim1.6$；$L/200$ 挠度限值下索力风振系数为 $2.8\sim4.3$，位移风振系数为 $1.4\sim1.7$。从中可以看出，随着挠度限值的减小，索力风振系数和位移风振系数逐渐增大。由于风振系数是脉动风与平均风共同作用与平均风作用的比值，并不直接反映结构索力和位移绝对值随挠度限值的变化，以第一组模拟时程为例，风吸工况下，挠度限值取 $L/100$ 时，结构最终跨中挠度为 431.4mm；挠度限值取 $L/150$ 时，结构最终跨中挠度为 366.8mm；挠度限值取 $L/200$ 时，结构最终跨中挠度为 321.6mm。

表 5-3 风吸工况下不同挠度限值的单层索系模型风振系数

模拟序号	$L/100$		$L/150$		$L/200$	
	索力风振系数 β_{z1}	位移风振系数 β_{z2}	索力风振系数 β_{z1}	位移风振系数 β_{z2}	索力风振系数 β_{z1}	位移风振系数 β_{z2}
1	3.11	1.35	3.42	1.47	3.65	1.53
2	2.84	1.30	3.11	1.42	3.27	1.47
3	3.04	1.37	3.24	1.49	3.39	1.53
4	2.94	1.29	3.35	1.41	3.65	1.47
5	3.63	1.45	3.96	1.60	4.22	1.67
6	3.06	1.34	3.36	1.46	3.57	1.52
7	2.56	1.26	2.76	1.36	2.87	1.40

续表

模拟序号	L/100		L/150		L/200	
	索力风振系数 β_{z1}	位移风振系数 β_{z2}	索力风振系数 β_{z1}	位移风振系数 β_{z2}	索力风振系数 β_{z1}	位移风振系数 β_{z2}
8	2.68	1.26	2.99	1.37	3.18	1.42
9	3.11	1.36	3.37	1.48	3.56	1.54
10	3.07	1.37	3.30	1.49	3.47	1.54
平均	3.00	1.34	3.29	1.46	3.48	1.51

在风压工况下，索力风振系数与位移风振系数随挠度限值的变化情况与风吸工况下类似，风压工况下单层索系支架结构的风振系数计算结果见表 5-4。随着挠度限值的减小，索力风振系数和位移风振系数逐渐增大。当索结构挠度限值较小时，即以 L/150 和 L/200 挠度限值进行控制时，风吸和风压工况下索力风振系数和位移风振系数的计算结果比较接近；当以 L/150 挠度限值进行控制时，风压工况下索力风振系数为 1.5～1.9，与风吸工况相比风振系数明显减小，位移风振系数为 1.3～1.6，与风吸工况相近。

表 5-4 风压工况下不同挠度限值的单层索系模型风振系数

模拟序号	L/100		L/150		L/200	
	索力风振系数 β_{z1}	位移风振系数 β_{z2}	索力风振系数 β_{z1}	位移风振系数 β_{z2}	索力风振系数 β_{z1}	位移风振系数 β_{z2}
1	1.60	1.44	1.69	1.48	1.77	1.51
2	1.51	1.38	1.60	1.42	1.66	1.44
3	1.57	1.44	1.67	1.48	1.73	1.50
4	1.55	1.39	1.65	1.43	1.73	1.46
5	1.74	1.55	1.86	1.60	1.95	1.64
6	1.58	1.43	1.68	1.47	1.75	1.50
7	1.43	1.33	1.51	1.36	1.55	1.38
8	1.47	1.34	1.56	1.38	1.61	1.40
9	1.59	1.45	1.69	1.48	1.76	1.51
10	1.58	1.44	1.68	1.48	1.74	1.51
平均	1.56	1.42	1.66	1.46	1.73	1.49

5.2 双层索系柔性光伏支架结构风振系数分析

5.2.1 双层索系模型

采用 ABAQUS 有限元分析软件建立双层索系结构的数值模型，如图 5-2 所示。承重索的材料属性和单元类型与单层索系结构模型相同，即采用无黏结的预应力热镀锌钢绞线和 B31 单元。光伏组件对上索的连接作用通过直径为 40mm 的刚性杆件来模拟，也采用 B31 单元划分网格。双层索系结构模型中，上、下索之间的连接杆件以及横向连接系的杆件均设置为直径 40mm、壁厚 4mm 的空心圆钢管，其材料采用 Q235 钢，也采用 B31 单元。

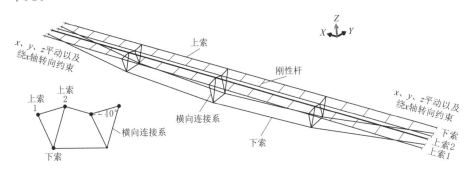

图 5-2 双层索系结构有限元模型及边界条件

上层索的初始状态设为理想直线，下层索的初始形态按照抛物线性形态设定，下层索的垂度取为结构跨度的 1/20。上索 1 高于上索 2，两根索组成的平面与水平面的倾角为 10°，对应光伏组件的倾角。根据结构端部和跨中点位置确定抛物线公式，进而计算结构中的连接杆件长度。对模型进行网格划分时，上层索的网格尺寸与单层索系模型相同，取为 1000mm，下层索的网格尺寸取 500mm，其余杆件均取 250mm 尺寸划分网格。单独开展模型网格尺寸收敛性分析表明，该网格尺寸可以实现良好的计算效率和准确性。

与单层索系结构类似，采用荷载阵风因子法对双层索系柔性光伏支架结构的风振系数进行计算。为了去除结构自重及初始预拉力对风振系数的影响，需扣除结构自重及初始预拉力产生的变形与索力。对于双层索系柔性光伏支架结构，每两个横向连接系之间中部位置的位移响应最大，结构支座处的索力响应最大，因此位移风振系数取为结构横向连接系跨中处脉动风与平均风响应的比值，而索力风振系数取为上索 1、上索 2 与下索支座处索力的脉动风与平均风响应比值的较大值。

5.2.2 结构跨度影响分析

在风压、风吸两种工况下分别对双层索系结构模型的风振系数进行计算。由于风压时下层索力较大，取下索结果计算索力风振系数，而风吸时上层索的位移发展较大，取上索结果计算位移风振系数，且位移风振系数采用横向连接系之间中部位置的挠度进行计算。

20m 跨的双层索系结构风振系数的计算结果见表 5-5，可以看出，双层索系结构在风压和风吸工况下风振系数差别较大，风压时索力风振系数为 1.6～2.0，位移风振系数为 1.4～2.0；风吸时位移风振系数为 2.5～2.9。对 10 次计算结果求平均值，可以看到风吸时风振系数较大。

表 5-5   20m 跨双层索系模型的风振系数

模拟编号	风 压		风 吸	
	索力风振系数 β_{z1}	位移风振系数 β_{z2}	索力风振系数 β_{z1}	位移风振系数 β_{z2}
1	1.63	1.69	3.62	2.53
2	1.83	1.89	4.96	2.85
3	1.91	1.96	4.97	2.85
4	1.72	1.76	4.50	2.82
5	1.65	1.41	4.05	2.68
6	1.63	1.41	4.24	2.60
7	1.63	1.75	3.68	2.44
8	1.71	1.79	4.12	2.61
9	1.60	1.67	4.05	2.66
10	1.64	1.70	3.64	2.47
平均值	1.70	1.70	4.18	2.65

计算 50m 跨双层索系结构模型的风振系数，其计算结果见表 5-6。风压工况的索力风振系数范围为 1.8～2.1，位移风振系数范围为 2.2～2.6；风吸工况的索力风振系数范围较大，位移风振系数范围为 2.3～2.73。对十次风振系数求平均，风压工况的索力风振系数为 1.99，位移风振系数为 2.38，风吸工况的位移风振系数平均值为 2.50。与 20m 跨模型相比，50m 跨模型在风压工况的索力风振系数和位移风振系数均有所增大，在风吸工况的索力风振系数增大，位移风振系数则略微减小。

表 5-6   50m 跨双层索系模型的风振系数

模拟编号	风 压		风 吸	
	索力风振系数 β_{z1}	位移风振系数 β_{z2}	索力风振系数 β_{z1}	位移风振系数 β_{z2}
1	2.05	2.50	3.51	2.73
2	1.92	2.33	3.86	2.64
3	1.89	2.20	3.00	2.43
4	2.05	2.47	3.75	2.53
5	2.04	2.40	4.02	2.58
6	2.03	2.47	3.31	2.35
7	1.91	2.27	3.31	2.48
8	1.98	2.33	3.69	2.36
9	2.07	2.52	3.82	2.54
10	1.95	2.27	3.53	2.31
平均值	1.99	2.38	3.58	2.50

5.2.3 荷载工况影响分析

在风压有雪工况下,对 50m 跨双层索系结构模型的风振系数进行分析,雪荷载取武汉市 25 年一遇基本雪压 $w_0 = 0.38\text{kN/m}^2$,雪荷载组合系数为 0.75,计算结果见表 5-7。可以看到,风吸工况的风振系数均值均大于风压无雪工况的风振系数,在风压有雪工况下,结构的索力风振系数范围为 1.6~1.8,位移风振系数范围为 1.8~2.1,索力风振系数和位移风振系数的平均值分别为 1.69 和 1.97,均远小于风压无雪工况下的索力风振系数和位移风振系数。

表 5-7   不同荷载工况下双层索系模型的风振系数

模拟序号	风 吸		风压无雪		风压有雪	
	索力风振系数 β_{z1}	位移风振系数 β_{z2}	索力风振系数 β_{z1}	位移风振系数 β_{z2}	索力风振系数 β_{z1}	位移风振系数 β_{z2}
1	3.51	2.73	2.05	2.50	1.66	1.92
2	3.86	2.64	1.92	2.33	1.72	2.01
3	3.00	2.43	1.89	2.20	1.61	1.84
4	3.75	2.53	2.05	2.47	1.72	2.02
5	4.02	2.58	2.04	2.40	1.68	1.93
6	3.31	2.35	2.03	2.47	1.71	2.04
7	3.31	2.48	1.91	2.27	1.65	1.94

续表

模拟序号	风　吸		风压无雪		风压有雪	
	索力风振系数 β_{z1}	位移风振系数 β_{z2}	索力风振系数 β_{z1}	位移风振系数 β_{z2}	索力风振系数 β_{z1}	位移风振系数 β_{z2}
8	3.69	2.36	1.98	2.33	1.78	2.09
9	3.82	2.54	2.07	2.52	1.71	1.99
10	3.53	2.31	1.95	2.27	1.67	1.91
平均	3.58	2.50	1.99	2.38	1.69	1.97

5.3　柔性光伏支架结构风振系数取值建议

5.3.1　现有其他研究结果

国内外学者对柔性光伏支架结构风振系数的取值进行了研究。杨光等[3] 基于 Davenport 谱，采用 SAP2000 有限元软件对中小跨度单层索系柔性支架进行了风振响应及风振系数取值分析。通过改变主索预紧力、风速大小、索直径等参数，得到中小跨度柔性支架的位移、索拉力风振响应规律，并利用等效力法计算出结构的风振系数。研究结果表明：各风速下的平均风振系数随预拉力增大而减小，并建议按索拉力为指标计算索的风振系数，再按此风振系数计算索的跨中位移，进而控制变形。计算得到的索力风振系数为 1.5～2.0，并根据计算结果拟合出中小跨度柔性支架风振系数随预拉力变化的计算公式。

杜航等[4] 采用 ANSYS 有限元软件对单层索系柔性支撑光伏支架的风振响应和风振系数进行研究发现，随着风速增长，竖向位移近似抛物线形式增长，而拉索张力对风速的变化不敏感，当风速较大时，结构的脉动响应较为显著。顺风向和竖向位移风振系数在 25.3m/s 取得极大值，风振系数分别为 2.11 和 1.98。

宋薏铭等[5] 分别采用指数率方法和 AR 线性滤波器法考虑平均风和脉动风，利用 MATLAB 编程实现风压时程的模拟，采用 ABAQUS 有限元软件开展单层索系柔性光伏支架结构的静力和动力响应分析，给出了支架结构的风振系数建议值，对于跨度为 20m 的单层索系柔性光伏支架结构，风振系数建议取为 1.3～1.7，对于跨度较大的结构，可以采用布置稳定索来减小结构的风振响应。

郭涛等[6] 基于 Davenport 谱，采用 AR 自回归技术方法模拟脉动风荷载，对由地锚、缆索、四角锥、光伏组件等构件组成的"系泊—光伏组件阵列结构"进行模拟分析。从计算结果来看，各光伏组件风振响应均以低频振动为主，柔性支撑下光伏组件之间纵横向连接紧密，结构刚度分布均匀，风致响应趋势相同，结构风振系数的波动范围小（1.67～1.71），整体结构风振系数均值为 1.68。因此，建议其位移风振系数取值为 1.7。

徐志宏等[7]利用 ABAQUS 数值模拟软件对鱼腹式光伏索桁架进行研究，分析结构在风压时程作用下的风振响应情况，并计算得到风振系数。研究结果表明，结构位移风振系数的离散性较大，在 1.7～2.6 范围内，而应力风振系数分布比较均匀，在 1.7～1.8 范围内，建议鱼腹式索桁架结构风振系数的取值为 1.8。

从现有的研究结果可以看出，不同文献的风振系数计算结果偏差较大，且风振系数应取为位移风振系数还是索力风振系数并没有明确的定论，针对柔性光伏支架结构风振系数的研究仍显不足。而柔性光伏支架结构风振系数的影响因素较多，诸如预拉力、稳定索、横向连接系布置、构件截面尺寸等因素对风振系数都会产生影响，计算得到的结构风振系数范围较大，仍需开展进一步深入研究。

5.3.2 风振系数取值建议

综合考虑现有的研究成果和计算结果，风压工况一般为索力控制工况，风压工况的索力远大于风吸工况的索力，而风吸工况一般为位移控制工况，可以通过设置稳定索等构造措施有效减小风吸工况的向上位移，故建议采用风压工况的索力风振系数作为结构风振系数的建议取值。因此，对于形状规则的中小跨度柔性光伏支架结构，可采用对平均风荷载乘风振系数的方法来近似考虑结构的风致动力效应，对于单层索柔性光伏支架，风振系数可取 1.3～1.6，对于双层索柔性光伏支架，风压工况下风振系数可取 1.3～1.8，风吸工况下设有稳定索等完整抗风体系时风振系数可取 1.6～2.1。

参 考 文 献

[1] 杨风利，张宏杰，王飞，等. 输电线路导线阵风响应系数研究 [J]. 振动与冲击，2021，40（5）：85-91.
[2] 陆锋. 大跨度平屋面结构的风振响应和风振系数研究 [D]. 杭州：浙江大学，2002.
[3] 杨光，左得奇，侯克让，等. 中小跨度预应力柔性光伏支架风振响应分析及风振系数取值研究 [J]. 电力勘测设计，2023（5）：28-33，43.
[4] 杜航，徐海巍，张跃龙，等. 大跨柔性光伏支架结构风压特性及风振响应 [J]. 哈

尔滨工业大学学报，2022，54（10）：67-74.

[5] 宋蕙铭，袁焕鑫，杜新喜，等. 单层索系柔性光伏支架静力与动力响应研究 [J/OL]. 建筑结构：1-8（2023-9-14）[2023-9-18]. 中国知网.

[6] 郭涛，杨渊茗，黄国强，等. 山区峡谷地形下柔性支撑光伏阵列的风振特性研究 [J/OL]. 太阳能学报：1-11（2023-5-23）[2023-9-20]. 中国知网.

[7] 徐志宏，侯国华，张志强，等. 鱼腹式光伏索桁架风振系数数值分析 [J]. 太阳能，2019（2）：46-49，18.

第6章

柔性光伏支架结构中部
立柱受力性能研究

6.1 中部立柱动力响应分析

6.1.1 中部立柱有限元模型

柔性光伏支架结构的中部立柱具有协调两边索体长度、避免索力过度增长导致结构失效的作用，其受力性能对整体结构的稳定性和安全性具有重要影响。由于实际工程实施过程中立柱的柱脚很难实现理想铰接，而且中部立柱高度较大，当中部立柱上端产生较大位移时，其柱脚处产生的弯矩较大，可能造成中部立柱在靠近柱脚的部位发生破坏。因此，需要对中部立柱的顶端位移进行分析，合理控制其位移限值，从而减小柱脚的弯矩。

由第3章对柔性光伏支架结构的静力性能和动力响应分析结果可知，支架结构的横向位移受到横向连接系、稳定索等的约束作用，风荷载作用时结构以上下振动为主。为了提高计算效率，将多跨三维结构模型简化为多跨二维模型，简化分析模型示意如图6-1所示。计算模型中预应力柔性索采用 1×7 无黏结预应力热镀锌钢绞线，索径为 15.2mm，抗拉强度 $R_m = 1860MPa$，弹性模量 $E_0 = 1.95 \times 10^5 MPa$，泊松比 $\nu = 0.3$。

中部立柱一般可以采用钢立柱和混凝土立柱两种不同的形式。对于钢立柱，截面尺寸设为 $\phi 140 \times 5mm$ 的圆钢管，采用 Q235 钢材，弹性模量 $E_0 = 2.06 \times 10^5 MPa$，泊松比 $\nu = 0.3$，中部立柱上端与索体通过耦合 (Coupling) 设置铰接连接，释放两者之间的转动约束，仅耦合 x、y、z 三个方向的位移约束，中部立柱下端设置为铰接约束。对于混凝土立柱，为简化计算，仅考虑立柱的混凝土部分，混凝土等级 C80，弹性模量 $E_0 = 3.8 \times 10^4 MPa$，泊松比 $\nu = 0.2$，考虑 $\phi 300 \times 70mm$、$\phi 400 \times 95mm$ 和 $\phi 500 \times 120mm$ 共三种不同的混凝土立柱截面尺寸，立柱上端与索体采用铰接连接，下端设置为固定约束。对于第一跨和最后一跨的两端索体，采用固定约束，限制其平动与转动，已考虑端部支承结构的有效约束作用。预应力柔性索与中部立柱均采用梁单元，索体单元的网格尺寸为1000mm，中部立柱的网格尺寸为2000mm。

图6-1 中部立柱简化分析模型示意

在荷载施加过程中，首先对结构施加重力荷载，在此基础上通过降温法对索体施加初始预拉力，并在索体上施加风荷载，由于整体结构跨度较大，考虑脉动风的空间相关性，故以每跨中点输出风压时程。

对柔性光伏支架结构进行计算分析，选取具有95%保证概率的位移值

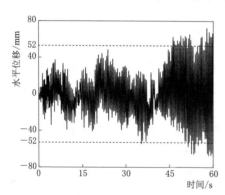

图6-2 位移值（95%保证概率）与水平位移时程

作为各个中部立柱的水平位移。以跨度为20m的计算模型为例，提取25跨模型第12根立柱的水平位移时程，如图6-2所示，具有95%保证概率的位移数值为52mm，可以看到，该数值能够较好地反映立柱在脉动风荷载作用下水平位移值。

6.1.2 动力响应分析

开展结构动力响应分析得到的4种响应形态如图6-3所示。可以看出，三组风荷载较小时，中部立柱上端的水平位移比较小，但当三组风荷载均较大或风荷载大小不一致时，中部立柱上端水平位移增大。较大的风荷载使得该跨索体变形增大，而风荷载较小跨间索体变形小，这样的变形差距进一步加剧了中部立柱左右水平拉力的不一致性，进而导致中部立柱的水平位移增大。

6.1.3 钢立柱水平位移分析

1. 20m跨单层索系结构

跨度为20m的三跨模型中部立柱的柱顶水平位移时程如图6-4所示。其中柱1水平最大水平位移为4.0mm，柱2最大水平位移为7.4mm。各跨跨中的挠度时程如图6-5所示。可以看到，由于脉动风空间相关性，不

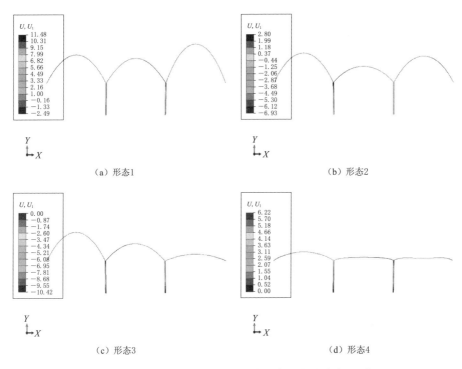

（a）形态1　　　　　　　　　　　　　　　（b）形态2

（c）形态3　　　　　　　　　　　　　　　（d）形态4

图 6-3　不同时刻下结构 4 种响应形态（变形放大 20 倍）

同跨度跨中挠度存在一定差距。

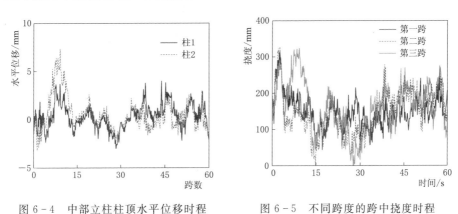

图 6-4　中部立柱柱顶水平位移时程　　　　图 6-5　不同跨度的跨中挠度时程

分别对 20m 跨的单层索系柔性光伏支架结构进行静力与动力分析，索体的预拉力设为 60kN，结构跨中挠度的静力与动力计算结果如图 6-6 所示。静力分析结果表明，风吸工况下结构挠度为 289mm，风压工况下挠度为 389mm，均满足 $L/50$（400mm）的挠度限值要求，且风压工况为挠度

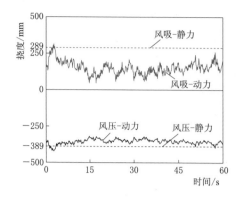

图 6-6 跨中挠度的静力与动力
计算结果（跨度 20m）

控制工况。动力分析结果表明，风吸和风压工况下结构的挠度时程均小于静力计算数值。

分别建立 2 跨、5 跨、10 跨、15 跨、20 跨、25 跨的结构模型，所得到的计算结果如图 6-7 所示。可以看出，当跨数较少时，边柱与中柱的位移幅值接近，随着跨数增多，结构跨中的立柱受到其余立柱水平位移的叠加影响，其位移摇摆幅度明显增大。从图 6-8 中可以看到，当支架结构跨数超过 15 跨时，中部立柱最大摇摆位移增大幅度减缓，即中部立柱的水平位移并不随着跨数的增加而出现线性增长。

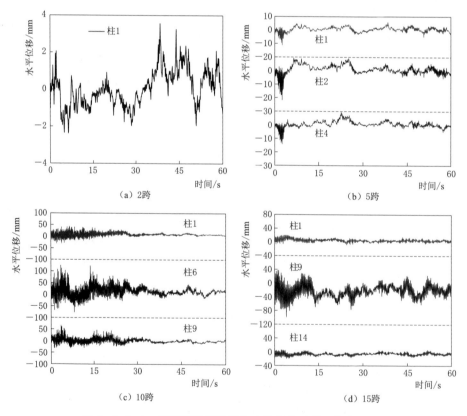

图 6-7（一） 不同跨数下边柱和中柱位移时程（跨度 20m）

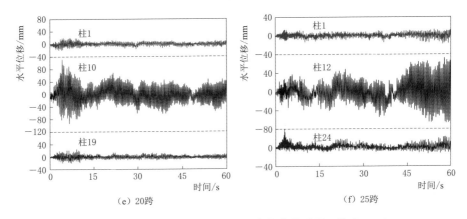

（e）20跨　　　　　　　　　　　（f）25跨

图 6-7（二）　不同跨数下边柱和中柱位移时程（跨度 20m）

2. 35m 跨双层索系结构

对于双层索系柔性光伏支架结构，风压工况下主要由下索承重，此时要求挠度小于 $L/50$ 的限值，风吸工况下索会出现松弛，仅由上索承重，结构跨中挠度较大。为了减小风吸工况下结构的跨中挠度，一般需要设置稳定索使结构跨中挠度满足限值要求。为了提高计算效率，采用单层索系模型计算风吸工况下双层索系结构的动力响应，且通过增大索体预拉力使结构跨中挠度满足限值要求，以模拟稳定索等抗风体系对结构跨中挠度的控制作用。

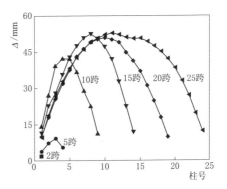

图 6-8　不同跨数的结构各中部立柱水平位移（跨度 20m）

对跨度 35m 的柔性光伏支架结构施加 79kN 预拉力，风吸工况下挠度为 682mm，满足 $L/50$（700mm）的挠度限值要求。不同跨数的结构模型中各立柱的水平位移如图 6-9 和图 6-10 所示，其变化规律与 20m 和 50m 跨度结构模型的计算结果类似，中部立柱水平位移随跨数的增加先增大，随后变化逐渐趋于平缓。

3. 50m 跨双层索系结构

对 50m 跨双层索系结构模型施加 127kN 预拉力，在风吸工况下结构跨中挠度为 965mm，满足 $L/50$ 的挠度限值要求。跨中挠度的动力计算结果如图 6-11 所示，可以看到动力计算的结构挠度一般小于静力计算值。

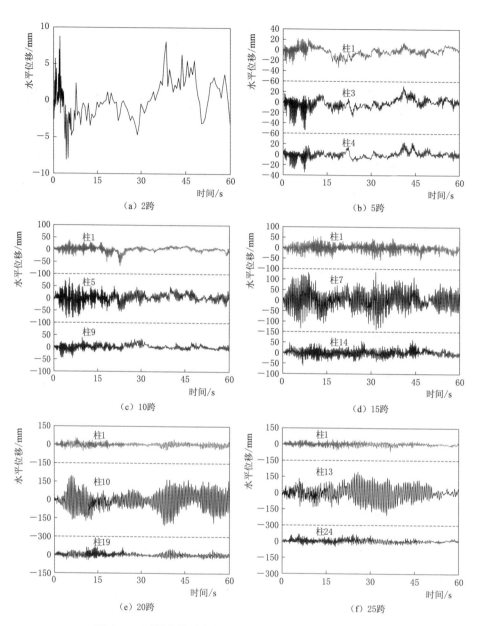

图 6-9 不同跨数下边柱和中柱的位移时程（跨度 35m）

不同跨数的 50m 跨结构模型的各立柱水平位移分析结果如图 6-12 和图 6-13 所示。其变化规律与 20m 跨结构模型类似，位于中间的中部立柱水平位移最大，从中间向两侧的立柱水平位移逐渐减少，当结构跨数超过 25 跨时，中部立柱的最大水平位移变化趋于平缓。

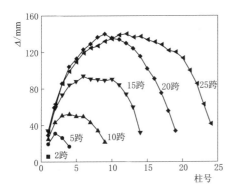

图 6-10 不同跨数下各中部立柱
水平位移（跨度 35m）

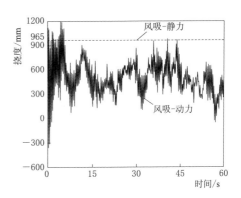

图 6-11 跨中挠度的静力与动力
计算结果（跨度 50m）

6.1.4 混凝土立柱水平位移分析

1. 35m 跨结构模型计算结果

采用截面为 $\phi300\times70mm$ 的混凝土管桩作为中部立柱，建立 35m 跨

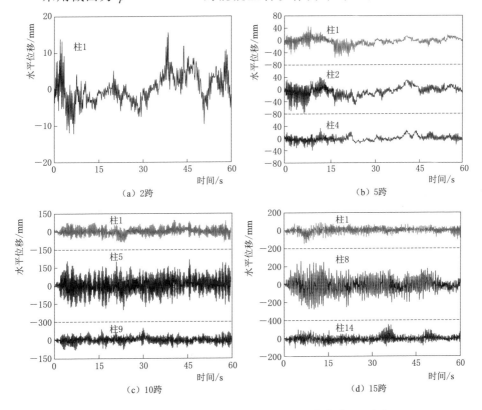

（a）2跨

（b）5跨

（c）10跨

（d）15跨

图 6-12（一） 不同跨数的结构模型边柱和中柱位移时程（跨度 50m）

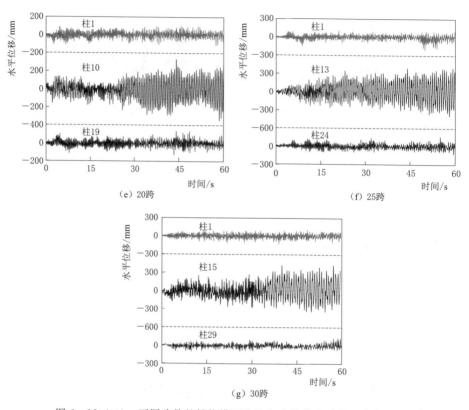

图 6 - 12（二） 不同跨数的结构模型边柱和中柱位移时程（跨度 50m）

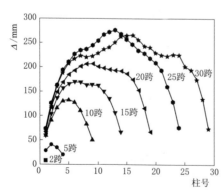

图 6 - 13 不同跨数的结构模型中部
立柱水平位移（跨度 50m）

的柔性光伏支架结构模型，不同跨数时的中部立柱水平位移计算结果如图 6 - 14 所示。可以看到，随着跨数的增加，中部立柱的水平位移先增大后趋于平缓，当中部立柱的跨数大于 5 跨后，其最大水平位移不再明显增长；中部立柱的水平位移由中间向两侧递减的趋势减弱，位于两侧的中部立柱水平位移最小，位于内侧的中部立柱水平位移数值总体比较接近。

中部立柱截面设为 $\phi400 \times 95mm$ 和 $\phi500 \times 120mm$ 时，不同跨度的 35m 跨结构模型的中部立柱水平位移计算结果分别如图 6 - 15 和图 6 - 16

所示。可以看到，随着跨数的增加，中部立柱的水平位移先增大后趋于平缓，当结构模型跨数大于 5 跨后，其最大水平位移不再明显增长；中部立柱的水平位移由中间向外侧递减的趋势减弱，位于两侧的中部立柱水平位移最小，位于内侧的中部立柱水平位移都比较接近。由不同截面的混凝土中部立柱水平位移计算结果可以看出，随着柱子刚度增加，混凝土立柱的水平位移逐渐减小，且明显小于钢立柱的水平位移。

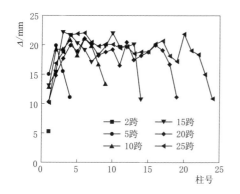 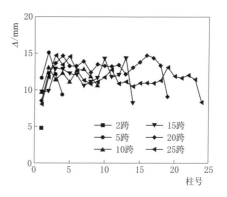

图 6-14　不同跨数的结构中部立柱　　　图 6-15　不同跨数的结构中部立柱
　　水平位移（立柱截面 $\phi300\times70$mm，　　　　水平位移（立柱截面 $\phi400\times95$mm，
　　跨度 35m）　　　　　　　　　　　　　　跨度 35m）

2．50m 跨结构模型计算结果

采用截面 $\phi300\times70$mm 的混凝土管桩作为中部立柱，建立 50m 跨的结构模型，不同跨数的中部立柱水平位移计算结果如图 6-17 所示。可以看到，随着结构模型跨数的增加，中部立柱的水平位移先增大后趋于平缓，当中部立柱的跨数大于 10 跨后，其最大水平位移不再明显增长；中部立柱水平位移由中间向外侧递减的趋势减弱，位于两侧的中部立柱水平位移最小，位于内侧的中部立柱水平位移总体都比较接近。

采用截面为 $\phi400\times95$mm 和 $\phi500\times120$mm 的混凝土管桩作为中部立柱时，50m 跨结构模型的中部立柱水平位移计算结果分别如图 6-18 和图 6-19 所示。从计算结果可以看到，中部立柱水平位移的变化趋势与上述截面 $\phi300\times70$mm 混凝土管桩的计算结果类似，随着结构模型跨数的增加，中部立柱的水平位移先增大后趋于平缓，当中部立柱的跨数大于 5 跨后，其最大水平位移不再明显增长；中部立柱水平位移由中间向外侧递减的趋势减弱，位于两端的中部立柱水平位移最小，位于内侧的中部立柱水平位移都比较接近。随着柱子刚度增加，中部立柱水平位移明显减小。对于跨度较大的结构,中部立柱水平位移随结构单跨跨度的增加而增大。

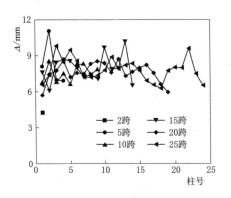

图 6-16 不同跨数的结构中部立柱
水平位移(立柱截面 $\phi 500 \times 120mm$,
跨度 35m)

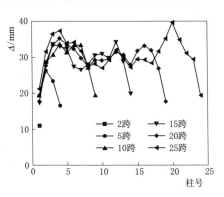

图 6-17 不同跨数的结构中部立柱
水平位移(立柱截面 $\phi 300 \times 70mm$,
跨度 50m)

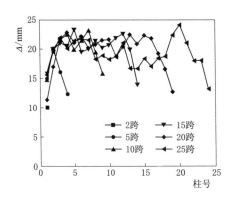

图 6-18 不同跨数的结构中部立柱
水平位移(立柱截面 $\phi 400 \times 95mm$,
跨度 50m)

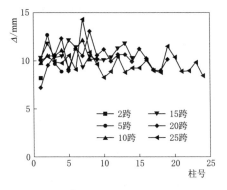

图 6-19 不同跨数的结构中部立柱
水平位移(立柱截面 $\phi 500 \times 120mm$,
跨度 50m)

6.2 中部立柱设计计算方法

6.2.1 中部立柱水平位移计算

结构中部立柱的设计中应考虑立柱上端摇摆附加水平位移对柱脚产生的弯矩以及对光伏组件的可能影响,柱脚弯矩可以根据中部立柱的上端位移进行转化计算,中部立柱的受力简图如图 6-20 所示。实际情况中,中部立柱上端位移的产生主要是由于相邻跨索体变形不一致所导致的。为简化计算,可将索体视为抛物线形态,根据结构跨中挠度推算索长,并与初始状态相减，从而可得到上端位移的最大值。

当中部立柱的左侧索体在风荷载作用下绷紧，而右侧索体松弛时，中部立柱的水平位移达到最大值，如图 6-21 所示，故可以通过结构模型中索的长度变化来计算中部立柱的最大摇摆附加水平位移，即

$$\Delta_c = S - L \tag{6-1}$$

式中　Δ_c——中部立柱水平最大摇摆附加位移；

　　　　S——静力计算下索体长度；

　　　　L——结构跨度。

索体长度可采用抛物线方法[1] 和悬链线方法进行计算，由于悬链线方法计算比较复杂，此处采用抛物线方法计算索体长度。将索体形态视为抛物线，采用抛物线公式计算索体长度，计算公式为

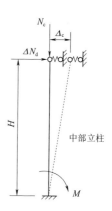

图 6-20　中部立柱
受力简图

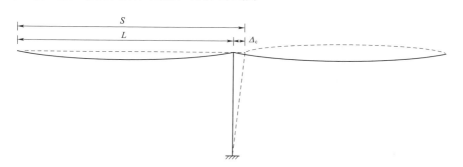

图 6-21　中部立柱上端水平位移计算原理

$$S = l_0 + \frac{8f_m^2}{3l_0} \tag{6-2}$$

式中　l_0——拉索的弦长（此处等于结构跨度 L）；

　　　　f_m——拉索跨中沿与弦线垂直方向的挠度。

因此，中部立柱的摇摆附加水平位移为

$$\Delta_c = S - L = l_0 + \frac{8f_m^2}{3l_0} - L = \frac{8f_m^2}{3l_0} \tag{6-3}$$

当柔性光伏支架结构的跨数较多时，中部立柱的最大摇摆附加水平位移也会由于叠加效应呈增大趋势。因此，考虑到跨数对中部立柱摇摆附加水平位移的影响，当有 n 根中部立柱时，中部立柱均朝同一方向晃动时会有叠加效果。考虑到中部立柱的最大水平位移随跨度的增大接近于反比例函数的增长关系，在式（6-3）中增加跨度这一参数的影响。同时，考虑

到立柱刚度对其水平位移的影响，引入正则化长细比 λ_n。汇总前述计算分析得到的不同跨数、不同跨度、不同立柱形式、不同立柱截面的中部立柱水平位移计算结果，对计算公式中的常数项进行拟合，可以得到中部立柱的摇摆附加水平位移的理论计算公式（6-4），即

$$\Delta_c = \frac{f_m^2}{l_0}\left(6 - \frac{130}{n^2+25}\right)\lambda_n^{1.5} \tag{6-4}$$

$$\lambda_n = \frac{\lambda}{\pi}\sqrt{\frac{f_y}{E}} \tag{6-5}$$

$$f_y = \frac{M}{W} \tag{6-6}$$

式中 Δ_c ——中部立柱柱顶的摇摆附加水平位移；

  f_m ——风吸工况下取支架结构永久荷载和风吸工况组合作用下的挠度，风压工况下取风压荷载工况作用下的挠度，单层索系取跨中挠度，双层索系取横向连接系之间的上索挠度；

  l_0 ——柔性光伏支架跨度；

  n ——柔性光伏支架跨数；

  λ_n ——正则化长细比，按式（6-5）计算；

  f_y ——对钢柱，取为材料屈服强度，对混凝土柱，f_y 按式（6-6）计算；

  M ——混凝土柱的极限弯矩；

  W ——截面抵抗矩。

将所提出的中部立柱摇摆附加水平位移公式即式（6-4）计算得到的结果与有限元分析结果进行比较，钢立柱、混凝土立柱结构模型的对比结果分别如图6-22～图6-24所示。从比较结果可以看到，公式计算结果与有限元分析结果吻合情况良好。当跨数较少时，中部立柱的最大水平位移增长较快，而当结构跨数较多时，中部立柱的水平位移变化逐渐趋于平缓，而且所提出计算公式适用于不同形式、不同刚度的中部立柱的水平位移计算。

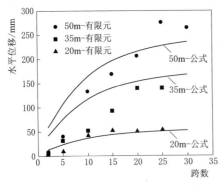

图6-22　钢立柱水平位移公式计算结果与有限元结果对比

6.2.2　中部立柱设计计算

计算得到柱顶摇摆附加水平位

移后，中部立柱的柱顶水平力 ΔN_d 按下式计算，即

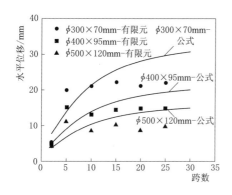

图 6-23　混凝土立柱水平位移公式计算结果与有限元结果对比（跨度 35m）

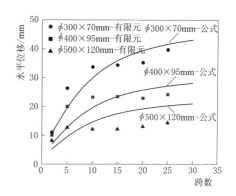

图 6-24　混凝土立柱水平位移公式计算结果与有限元结果对比（跨度 50m）

$$\Delta N_d = \frac{3EI}{H^3}\Delta_c \qquad (6-7)$$

式中　EI——中部立柱抗弯刚度；

　　　H——立柱高度，对有承台的立柱，H 从承台顶面计算，对无承台（桩柱一体）的立柱，H 从水平荷载作用下桩身最大弯矩位置处计算。

由柱顶水平力 ΔN_d 可以计算柱脚弯矩 M，即

$$M = \Delta N_d \times H = \frac{3EI}{H^3}\Delta_c \times H = \frac{3EI}{H^2}\Delta_c \qquad (6-8)$$

当中部立柱采用非理想铰接柱脚时，应进行在轴压力和弯矩共同作用下的设计计算。采用钢立柱时，柱脚的承载力验算应符合《钢结构设计标准》（GB 50017—2017）[3] 的相关规定，对柱脚的轴向压力、侧向抗弯承载力进行验算，同时还应考虑柱脚底板以及锚栓的设计与构造要求。

参 考 文 献

[1]　周孟波. 悬索桥手册 [M]. 北京：人民交通出版社，2003.

[2]　汪峰，刘沐宇. 斜拉桥无应力索长的精确求解方法 [J]. 华中科技大学学报（自然科学版），2010，38 (7)：49-52.

[3]　中华人民共和国住房和城乡建设部，中华人民共和国国家质量监督检验检疫总局. 钢结构设计标准：GB 50017—2017 [S]. 北京：中国建筑工业出版社，2018.

第7章

柔性光伏支架结构体系
工程应用案例

7.1 某农光互补光伏电站项目

7.1.1 工程概况

　　某农光互补分布式光伏电站项目采用了柔性光伏支架结构。柔性光伏支架结构等跨布置，共7跨7列，每跨跨度为34m，结构高度为3.8m，占地面积约5812m²。设计使用年限为25年，不考虑结构抗震，安全等级为二级，结构重要性系数取1.0，设计风荷载为0.30kN/m²，设计雪荷载为0.47kN/m²。

　　现场地形航拍图和红线图分别如图7-1和图7-2所示。

图7-1　现场地形航拍图

7.1.2 柔性光伏支架结构设计方案

　　柔性光伏支架结构布置方案如图7-3所示，结构单跨跨度为34m，矢

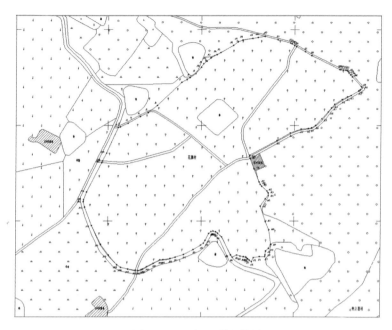

图 7-2　现场地形红线图

高为 1.7m。光伏组件倾角为 15°，承重索均采用 1×7 无黏结预应力热镀锌钢绞线，抗拉强度 $R_m = 1860$MPa，抗拉强度 $R_m = 1860$MPa，弹性模量 $E_0 = 1.95 \times 10^5$MPa，上索公称直径为 12.7mm，下索公称直径为 17.8mm；每跨横向连接系布置 3 道，横向连接系间距为 8.5m，横向连接系杆件均采用 $\phi 50 \times 3.0$mm 圆钢管。

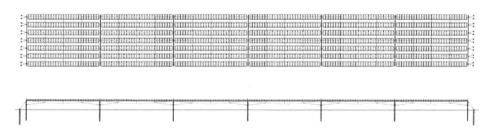

图 7-3　柔性光伏支架结构布置方案

7.1.3　柔性光伏支架结构计算分析结果

1. 标准组合计算结果

建立单跨双层索系柔性光伏支架模型，对上索施加 30kN 的预拉力，对下索施加 4.5kN 的预拉力，永久荷载状态下结构位移云图如图 7-4 所示，横向连接系处的位移为 $-12\mathrm{mm}$，横向连接系之间上索的跨中挠度为 $-53\mathrm{mm}$，满足永久荷载状态下挠度限值 $L/150$（$L=8500\mathrm{mm}$）的要求，此时上索索力为 31kN，下索索力为 35kN。

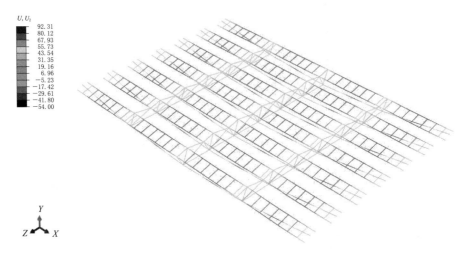

图 7-4　永久荷载状态下结构位移云图（单位：mm）

风压工况下结构位移云图如图 7-5 所示，此时横向连接系处的竖向位移为 $-360\mathrm{mm}$，结构跨中点处的挠度为 $-500\mathrm{mm}$，则跨中挠度为 140mm，满足设计荷载下 $L/50$（$L=8500\mathrm{mm}$）的变形规定。此时上索最大索力为 60kN，下索索力为 141kN。

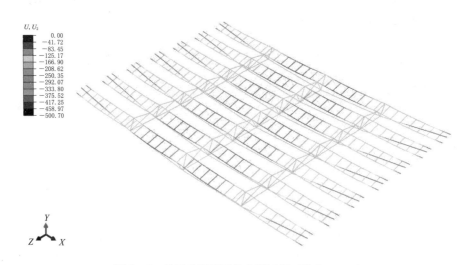

图 7-5　风压工况下结构位移云图（单位：mm）

风吸工况下结构位移云图如图7-6所示。最大位移出现在横向连接系处，大小为695mm，不满足设计荷载工况下$L/50$（$L=34000$mm）的变形规定，此时上索最大索力为57kN，下索索力为0.1kN。由于风吸工况下横向连接系处的最大位移超过了挠度限值规定，需要通过加设稳定索的方式来减小风吸效应。分别在迎风前排和后排布置了稳定索，稳定索采用钢丝绳，弹性模量$E_0=1.1\times10^5\text{N/mm}^2$，索径为11.1mm。对稳定索施加1kN预拉力，计算结果如图7-7所示。施加稳定索后风吸工况下最大挠度为641mm，满足挠度限值的要求，此时稳定索最大索力为39kN。

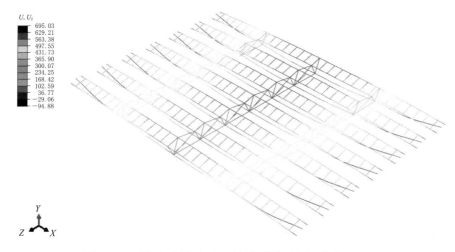

图7-6 无稳定索风吸工况下结构位移云图（单位：mm）

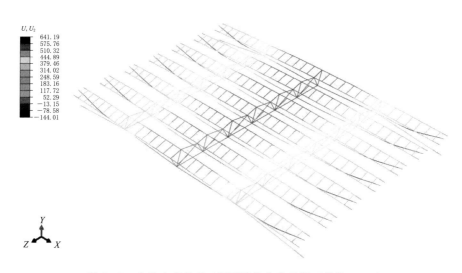

图7-7 有稳定索风吸工况下结构位移云图（单位：mm）

2. 基本组合计算结果

风压工况下结构位移云图如图 7 - 8 所示。上索最大索力为 71kN，下索索力为 179kN，满足索力设计值的要求。风压工况下横向连接系应力云图如图 7 - 9 所示，最大应力为 17.4MPa，满足应力要求。

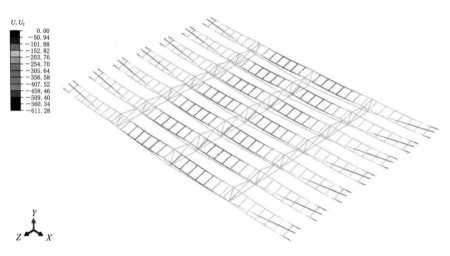

图 7 - 8　风压工况下结构位移云图（单位：mm）

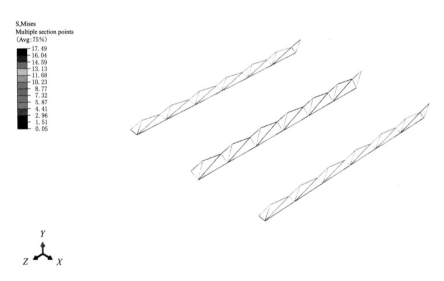

图 7 - 9　风压工况下横向连接系应力云图（单位：MPa）

风吸工况下结构位移云图如图 7 - 10 所示。上索最大索力为 74kN，满足索力设计值的要求，下索索力为 0.1kN。风吸工况下横向连接系应力云图如图 7 - 11 所示，最大应力为 14.0MPa，满足应力要求。

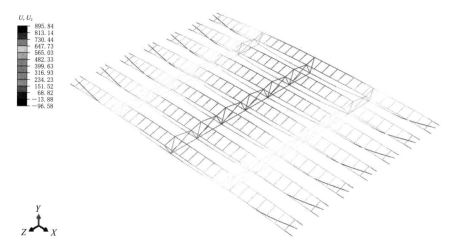

图 7 - 10　无稳定索风吸工况下结构位移云图（单位：mm）

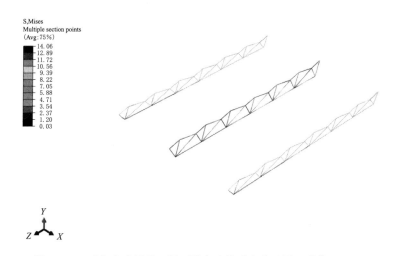

图 7 - 11　无稳定索风吸工况下横向连接系应力云图（单位：MPa）

增设了稳定索后的计算结果如图 7 - 12 所示（基本组合）。上索最大索力为 68kN，下索最大索力为 0.1kN，稳定索最大索力为 55kN，满足索力设计值要求。风吸工况下横向连接系的应力云图如图 7 - 13 所示，最大应力为 44.7MPa，满足应力要求。

3. 顺坡布置计算结果

由于该场地沿东西方向具有 5.0% 的坡度，结构需顺坡布置，考虑坡度后的支架结构布置情况如图 7 - 14 所示。

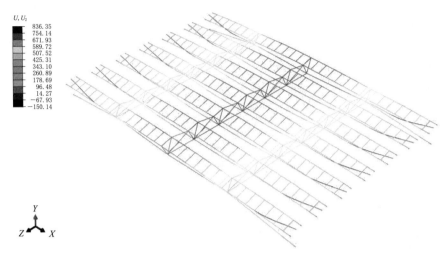

图 7-12 有稳定索风吸工况位移云图（单位：mm）

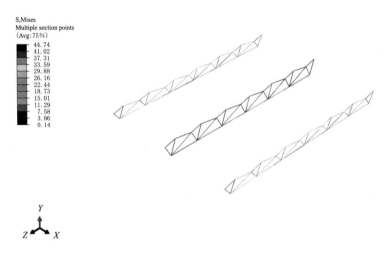

图 7-13 有稳定索风吸工况下横向连接系应力云图（单位：MPa）

图 7-14 支架结构布置情况（考虑坡度）

考虑坡度影响，将计算模型绕 y 轴逆时针旋转 2.7°，单跨计算模型和风压工况计算结果分别如图 7-15 和图 7-16 所示。低处（左侧）支座下索索力为 179.1kN，高处（右侧）支座下索索力为 179.4kN，低处（左侧）支座上索索力为 69.9kN，高处（右侧）支座上索索力 72.4kN。高处与低处下索索力比较接近，高处上索索力高于低处上索索力。顺坡布置模型的上索索力相对于平放模型的上索索力增大了 1.7%。随着跨数的增加，最高处的索力将受到其余跨索力的叠加作用，将单跨顺坡布置的计算结果进行线性叠加，可得最高点处的索力和支座反力将增大 10%～15%。

图 7 - 15　顺坡布置计算模型

图 7 - 16　顺坡布置计算结果

7.1.4　小结

采用 ABAQUS 通用有限元软件对 34m 跨双层索系柔性光伏支架结构的永久荷载状态、设计荷载状态、地形引起柔性支架坡度变化等内容进行计算分析等，结论如下：

（1）支架上部结构在永久荷载作用下，横向连接系之间上索的最大挠度为 -45mm，满足 $L/150$ 的变形要求；在风压工况下，横向连接系间上索跨中挠度为 -178mm，结构跨中点处的挠度为 -580mm，满足 $L/50$ 的变形要求；风吸工况下，增设稳定索后结构跨中最大挠度为 938mm，满足 $L/50$ 的变形要求。

（2）支架结构在风压工况下，上索、下索最大索力分别为 94kN、237kN，风吸工况下，考虑稳定索作用，上索最大索力为 101kN，稳定索索力为 48kN，横向连接系最大应力为 44MPa，均满足极限状态承载力要求。

（3）根据实际场地标高，考虑柔性光伏支架 5% 的坡度影响，索力沿着上坡方向逐渐增大，其最高跨的索力和支座反力将根据跨度的不同增大 10%～15%。

7.2　某污水处理厂光伏电站项目

7.2.1　工程概况

某污水处理厂分布式光伏电站项目采用了柔性光伏支架结构。柔性光伏支架设于二沉池上方，结构共 8 跨 26 列，最大高度为 8.5m，最大跨度为 53.35m，占地面积约 38468m²。柔性光伏支架结构主要由承重索、横向连接系、稳定索、钢横梁、钢立柱、斜拉索、基础和光伏组件等构件组成，光伏组件采用 550Wp 大功率光伏组件，按照 1 排 26 列竖向布置，共 8692 块，发电量可达 4.78MW，光伏组件及基础总平面布置图见图 7-17。

结构设计使用年限为 25 年，不考虑结构抗震，安全等级为二级，结构重要性系数取 1.0，设计风荷载为 0.31kN/m²，设计雪荷载为 0.22kN/m²。

7.2.2　柔性光伏支架结构设计方案

二沉池池顶柔性光伏支架布置图如图 7-18 所示。由于结构不等跨布置，为简化计算，仅对跨度较大的单跨模型进行建模，计算模型示意如图 7-19 所示，结构跨度为 52m，垂度为 2.6m。每跨布置四组横向连接系，横向连接系计算模型尺寸如图 7-20 所示。

支承构件包括立柱、斜拉杆、钢梁及交叉斜撑等，端部支撑结构三维模型示意如图 7-21 所示。其中钢柱选用 H 型钢，截面大小分别为 H300mm×300mm×8mm×14mm 和 H250mm×250mm×8mm×14mm，钢材选用 Q420 钢。钢梁选用箱型截面，截面尺寸为 500mm×400mm×8mm×14mm，系杆截面分别为 H300mm×200mm×6mm×10mm、ϕ168×6mm、ϕ114×4mm，交叉斜撑截面为 ϕ140×12mm，钢材均选用 Q355 钢。

端部支承结构中，钢柱与基础采用刚接，钢柱与系杆、交叉斜撑采用铰接。为了给受压柱提供更有效的侧向约束，同时减小受拉柱的弯矩，系杆与受压柱采用刚接连接，系杆与受拉柱采用铰接连接。在钢梁上方设置

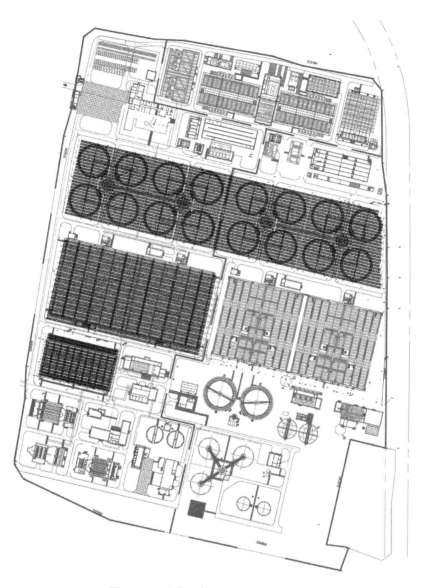

图 7 - 17　光伏组件及基础总平面布置图

高为 500mm 的短柱来模拟光伏组件倾角导致的上索高差。

　　中部支承结构由中柱、钢梁、沿横向的交叉斜撑组成,三维模型示意如图 7 - 22 所示。其中钢柱截面尺寸分别为 $\phi245\times12mm$ 和 $\phi245\times10mm$,钢梁截面为 H300mm$\times$300mm$\times$8mm$\times$14mm,交叉斜撑截面为 $\phi160\times12mm$,钢材选用 Q355 钢。钢柱与基础为采用刚接,钢柱与交叉斜撑采用铰接。

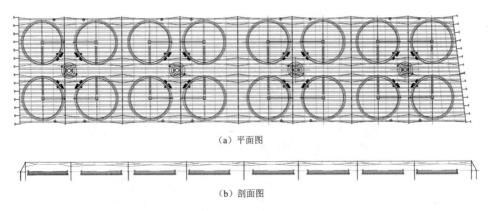

（a）平面图

（b）剖面图

图 7-18　二沉池池顶柔性光伏支架布置图

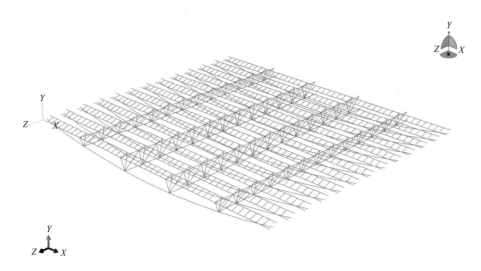

图 7-19　计算模型示意图

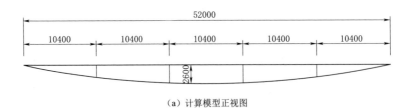

（a）计算模型正视图

图 7-20（一）　计算模型尺寸（单位：mm）

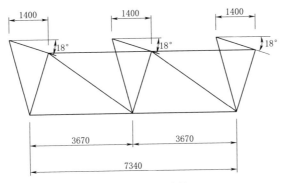

（b）横向连接系示意图

图 7-20（二） 计算模型尺寸（单位：mm）

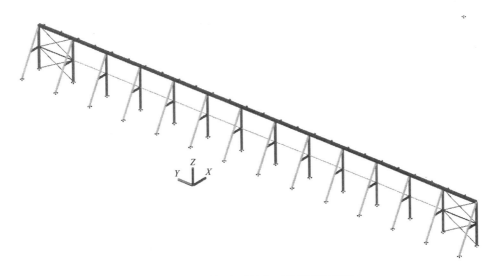

图 7-21 端部支承结构三维模型示意图

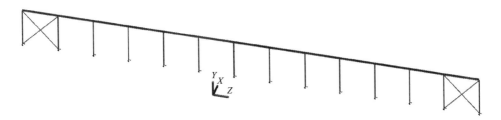

图 7-22 中部支承结构三维模型示意图

7.2.3 柔性光伏支架上部结构计算分析结果

1. 标准组合

对上索施加 40kN 的预拉力，对下索施加 6kN 的预拉力，一般使用状态（索和光伏组件自重）下结构位移云图如图 7 - 23 所示，此时横向连接系处的位移接近于 0，横向连接系之间上索的最大挠度为 45mm，满足一般使用状态下挠度限值 $L/150$（$L = 10400$mm）的要求；此时上索索力为 49kN，下索索力为 50kN。

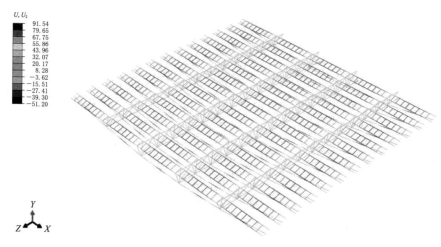

图 7 - 23　一般使用状态结构位移云图（单位：mm）

风压工况，即"索+光伏组件+风压荷载（主导）+雪荷载"工况下结构位移云图如图 7 - 24 所示，此时横向连接系处的竖向位移为

图 7 - 24　风压工况下结构位移云图（单位：mm）

−402mm，结构跨中点处的挠度为−580mm，跨中挠度为178mm，满足 $L/50$ 的变形规定。上游风向的上索索力为77kN，下游风向的上索索力为67kN，下索索力为175kN。

风吸工况，即"索＋光伏组件＋风吸荷载"工况下结构位移云图如图7-25所示。横向连接系处的竖向位移为1218mm，结构跨中处的挠度为1301mm。上游风向的上索索力为89kN，下游风向的上索索力为87kN，下索索力为0.2kN。

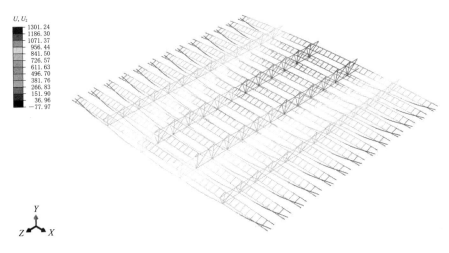

图 7-25　风吸工况下结构位移云图（单位：mm）

风吸工况下上索预拉力为40kN时的计算结果，超过了设计荷载作用下 $L/50$（52000mm）的限值规定。在横向连接系处施加稳定索，分别在迎风前两排和最后排布置稳定索，稳定索采用钢丝绳，弹性模量 $E_0 = 1.1 \times 10^5 \, \text{N/mm}^2$，索径取12mm，对较长的稳定索施加3kN预拉力，对较短的稳定索施加1kN预拉力，布置方案和计算结果如图7-26所示。施加稳定索后风吸工况下最大挠度为931mm，满足 $L/50$ 的要求，稳定索最大索力为35kN。

2. 基本组合

风压工况下结构位移云图如图7-27所示。上游风向的上索索力为94kN，下游风向的上索索力为79kN，下索索力为237kN，满足索力设计值要求。风压工况下横向连接系应力云图如图7-28所示，最大应力为53MPa，满足应力要求。

风吸工况下结构位移云图如图7-29所示。上游风向的上索索力为

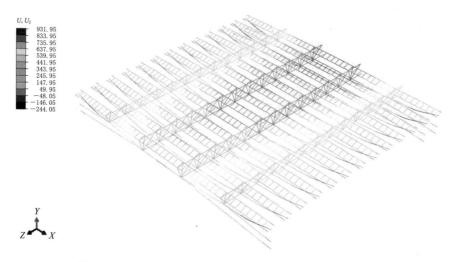

图 7-26 有稳定索风吸工况下结构位移云图（单位：mm）

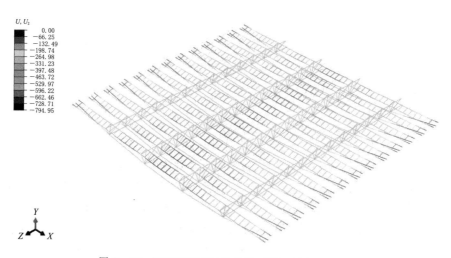

图 7-27 风压工况下结构位移云图（单位：mm）

117kN，下游风向的上索索力为 109kN，下索索力为 0.4kN，满足索力设计值要求。风吸工况下横向连接系应力云图如图 7-30 所示，横向连接系最大应力为 97MPa。

增设了稳定索后，在风吸工况下结构位移云图如图 7-31 所示。上游风向的上索索力为 101kN，下游风向的上索索力为 92kN，下索索力为 0.2kN，稳定索最大索力为 48kN，满足索力设计值要求。增设了稳定索后，风吸工况下的横向连接系应力云图如图 7-32 所示，横向连接系最大

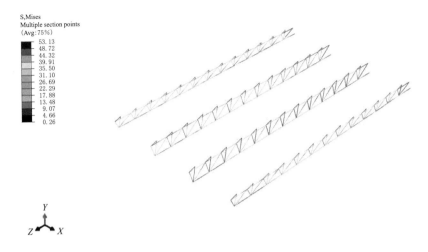

图 7-28　风压工况下横向连接系应力云图（单位：MPa）

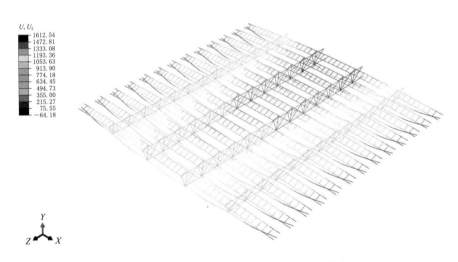

图 7-29　无稳定索风吸工况下结构位移云图（单位：mm）

应力为 112MPa。

7.2.4　支承结构计算分析结果

根据上部结构计算结果可得，结构分别在风压工况和风吸工况下出现最不利情况，风压工况使得端部支承结构承受最大水平力和垂直向下竖向力，风吸工况使得中部支承结构承受最大垂直向上竖向力。对两种工况下上索、下索支座反力进行统计，反力结果见表 7-1。

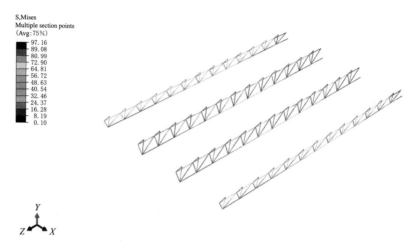

图 7 - 30　无稳定索风吸工况下横向连接系应力云图（单位：MPa）

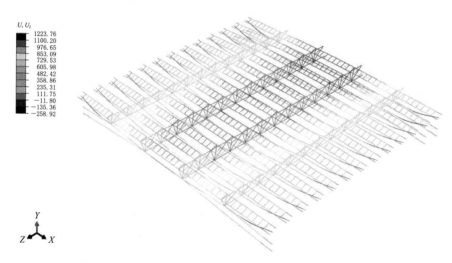

图 7 - 31　有稳定索风吸工况下结构位移云图（单位：mm）

表 7 - 1　　　　　　　　　上索、下索支座反力统计表

工况组合		上索支座反力/kN			下索支座反力/kN		
		RF1	RF2	RF3	RF1	RF2	RF3
标准组合	工况 3	72	7	2	184	34	3
	工况 4	87	−8	−4	0.2	0.1	−0.01
基本组合	工况 3	89	11	3	241	47	5
	工况 4	113	−14	−6	0.3	0.1	−0.02

注　表中 RF1 为沿索长方向分力，RF2 为沿竖直方向分力，RF3 为沿水平横向连接系方向分力。

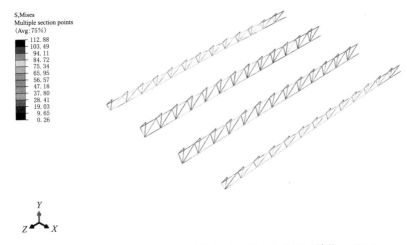

图 7-32　有稳定索风吸工况下横向连接系应力云图（单位：MPa）

中部支承结构承担相邻两跨传递的水平力和竖向力。纵向方向上索、下索水平力大小相等、方向相反，相互抵消后合力为 0，横向方向上、下索水平力以及上、下索的竖向力均应按两跨荷载施加。此外，由于风吸作用下中部立柱顶端产生较大的水平位移，因此还需中部立柱柱顶施加一个等效水平力。中部支承结构支座反力统计见表 7-2。

表 7-2　　　　　　　　　　中部支承结构支座反力统计表

工况组合		上索支座反力/kN		下索支座反力/kN		柱顶水平力/kN
		RF2	RF3	RF2	RF3	RF1
标准组合	工况 3	14	4	68	6	—
	工况 4	−16	−8	0.2	−0.02	10
基本组合	工况 3	22	6	92	10	—
	工况 4	−28	−12	0.2	−0.04	15

注　表中 RF1 为沿索长方向分力，RF2 为沿竖直方向分力，RF3 为沿水平横向连接系方向分力。

1. 标准组合

对标准组合下的风压和风吸工况进行计算，端部支承立柱水平位移不应大于 $H/150$（53mm），端部和中部钢横梁挠度不宜大于 $L/150$（49mm）。

风压工况标准组合荷载作用下支承结构位移计算结果如图 7-33 所示。第二根柱顶产生最大水平位移，大小为 24.5mm，端部支承第一跨钢横梁在 x 方向产生最大挠度，大小为 12.5mm，中部支承第一跨钢横梁在 z 方向产生最大挠度，大小为 11.3mm。

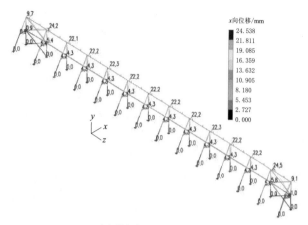

（a）端部支承立柱x向位移

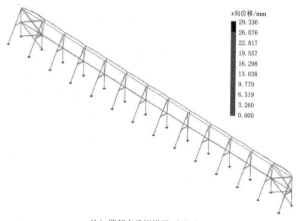

（b）端部支承钢横梁x向位移

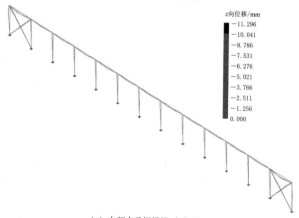

（c）中部支承钢横梁z向位移

图 7-33 风压工况标准组合位移计算结果

风吸工况标准组合荷载作用下支承结构位移计算结果如图 7-34 所示。第二根柱顶产生最大水平位移，大小为 13.0mm，端部支承第一跨钢横梁在 x 方向产生最大挠度，大小为 6.5mm，中部支承第一跨钢横梁在 z 方向产生最大挠度，大小为 4.8mm。

2. 基本组合

分别对风压和风吸工况下的基本组合进行计算，此时立柱为压弯构件，斜柱为拉弯构件，钢横梁为双向受弯构件。

风压工况基本组合荷载作用下端部支承内力计算结果如图 7-35 所示。端部支承第二根立柱产生最大压力为 -1886kN，第二根斜柱产生最大拉力为 1892kN，第一根立柱绕 y 轴产生最大弯矩 -35.8kN·m。端部支承钢横梁第一跨绕 x 轴产生最大跨中弯矩为 -86.2kN·m，最大支座弯矩为

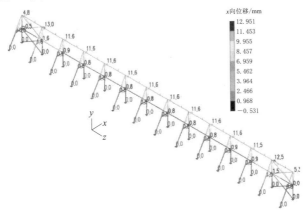

（a）端部支承立柱x向位移

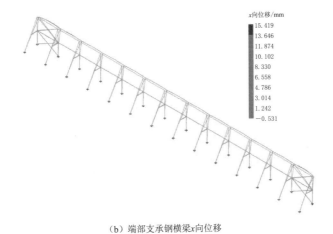

（b）端部支承钢横梁x向位移

图 7-34（一）　风吸工况标准组合位移计算结果

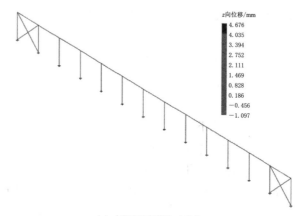

（c）中部支承钢横梁z向位移

图 7-34（二） 风吸工况标准组合位移计算结果

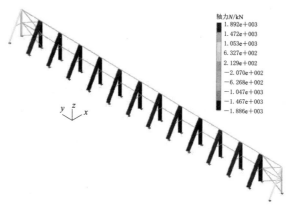

（a）端部支承立柱、斜柱轴力

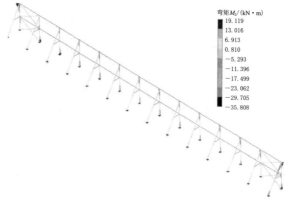

（b）端部支承立柱、斜柱绕y轴弯矩

图 7-35（一） 风压工况基本组合端部支承内力计算结果

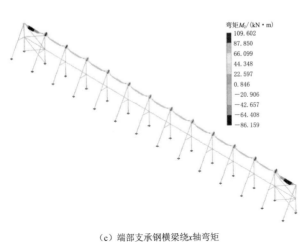

（c）端部支承钢横梁绕x轴弯矩

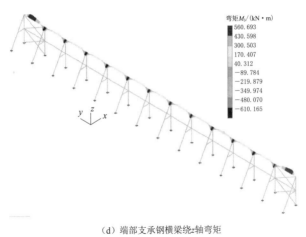

（d）端部支承钢横梁绕z轴弯矩

图 7-35（二） 风压工况基本组合端部支承内力计算结果

109.6kN·m，第一跨绕 z 轴产生最大跨中弯矩为 560.7kN·m，最大支座弯矩为－610.2kN·m。

　　风压工况基本组合荷载作用下中部支承内力计算结果如图 7-36 所示。中部支承第二根立柱产生最大压力为－587kN，第一根立柱绕 x 轴产生最大弯矩－44.7kN·m。中部支承钢横梁第一跨绕 x 轴产生最大跨中弯矩为 560.7kN·m，最大支座弯矩为－610.2kN·m。

　　风吸工况基本组合荷载作用下中部支承内力计算结果如图 7-37 所示，中部支承第一跨交叉支撑产生最大轴力 456kN，第二根立柱绕 y 轴产生最大弯矩－126.0kN·m。

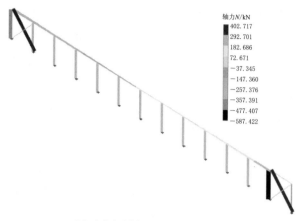

（a）中部支承立柱、钢横梁、交叉支撑轴力

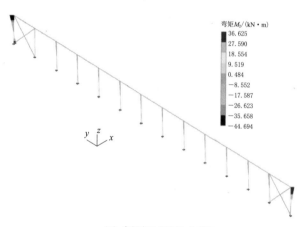

（b）中部支承立柱绕x轴弯矩

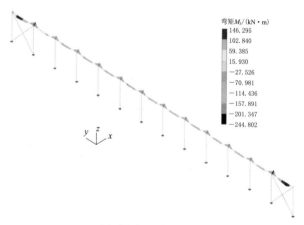

（c）中部支承钢横梁绕x轴弯矩

图 7 - 36　风压工况基本组合荷载作用下中部支承内力计算结果

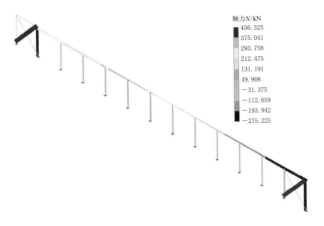

（a）中部支承立柱、钢横梁、交叉支撑轴力

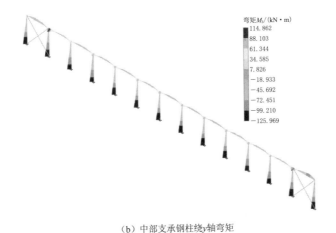

（b）中部支承钢柱绕 y 轴弯矩

图 7-37　风吸工况基本组合荷载作用下中部支承内力计算结果

3. 构件验算

端部支承立柱绕 y 轴计算长度为 8m，绕 x 轴计算长度为 4m，中部支承立柱绕 y 轴、x 轴计算长度均为 8m，其他构件计算长度系数取 1.0。

对支承结构进行构件验算，端部和中部支承构件应力比计算结果分别如图 7-38 和图 7-39 所示。结果表明，端部支承结构构件应力比均在 0.860 以下，其中第二根立柱出现最大应力比为 0.860（绕 y 轴稳定验算），第一跨钢横梁支座应力比为 0.795（强度验算）。中部支承结构构件应力比均在 0.911 以下，其中第一跨钢横梁支座出现最大应力比为 0.911（绕 x 轴稳定验算），立柱最大应力比为 0.880（绕 y 轴稳定验算）。

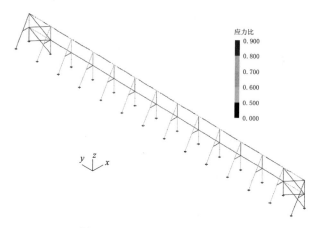

图 7-38 端部支承构件应力比

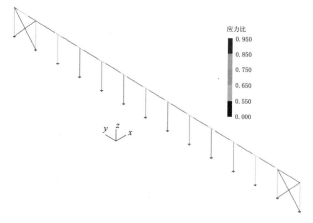

图 7-39 中部支承构件应力比

7.2.5 小结

分别采用 ABAQUS 和 SAP2000 有限元软件对 52m 跨双层索系柔性光伏支架结构上部结构受力性能分析和支撑部分的截面设计进行计算分析，结论如下：

（1）支架上部结构在风压工况下，横向连接系间上索跨中挠度为－178mm，结构跨中点处的挠度为－580mm，满足 $L/50$ 的变形要求；在风吸工况下，考虑稳定索作用，结构跨中最大挠度为 938mm，满足 $L/50$ 的变形要求。

（2）支承结构在风压工况下，端部支承柱顶最大水平位移 24.5mm，满足 $H/150$ 的变形要求；端部、中部支承钢横梁最大挠度分别为

12.5mm、11.3mm，满足 $L/150$ 的变形要求。

（3）支架上部结构在风压工况下，上索、下索最大索力分别为 94kN、237kN，在风吸工况下，考虑稳定索作用，上索索力为 101kN，稳定索索力为 48kN，横向连接系的最大应力为 112MPa，均满足极限状态承载力要求。

（4）支承结构在风压、风吸工况下，结构构件最大应力比为 0.911，满足极限状态承载力要求。